遇见合成

——After Effects CC 基础教程(上)

孙 政 　主编

商 捷 韩 梅 徐 彬 　参编

U0218315

天津大学出版社

TIANJIN UNIVERSITY PRESS

图书在版编目(CIP)数据

遇见合成：After Effects CC 基础教程.上/孙政
主编. —天津：天津大学出版社，2016.10（2023.1重印）
ISBN 978-7-5618-5703-8

Ⅰ.①遇… Ⅱ.①孙… Ⅲ.①图象处理软件－教材
Ⅳ.①TP391.41

中国版本图书馆CIP数据核字(2016)第259828号

出版发行	天津大学出版社	
地　　址	天津市卫津路92号天津大学内(邮编:300072)	
电　　话	发行部:022-27403647	
网　　址	publish.tju.edu.cn	
印　　刷	北京虎彩文化传播有限公司	
经　　销	全国各地新华书店	
开　　本	185mm×260mm	
印　　张	12	
字　　数	300千	
版　　次	2016年10月第1版	
印　　次	2023年1月第5次	
定　　价	30.00元	

前　言

这是一本关于如何创建视觉特效的书。与早期依赖昂贵、专业的后期设备不同，随着技术的发展，现在可以借助强大的软件来轻松实现我们想要的视觉效果。在众多的合成软件中，我选择了 Adobe 公司的 After Effects，因为它专注特效超过 20 年，至今还在不断地更新，在行业内始终处于领先地位。即使在普通的 PC 上，After Effects 也能高效地工作，这使更多的人学习并进入这一行业成为可能。

本书以最新的 Adobe After Effects CC 中文版为工具，向读者介绍后期特效制作方面的相关知识。鉴于以往相关书籍在专业词汇使用上的混乱与错误，本书中的菜单及功能名称严格以 After Effects CC 官方中文版软件为参照，并参考官方中文帮助文件，以确保相关词汇的准确性。全书分上下两册，共 12 章，每一章将知识点与具体实例相结合，详细讲解 After Effects 的工作流程、图层、蒙版、形状图层、三维图层、文字动画、键控、Roto 工具、稳定与跟踪、时间控制、调色、音频、渲染输出等内容。

全书语言通俗，步骤详细，但不同于一般案例型教程，本书在教授合成制作方法的同时也会阐述工作原理及操作技巧，为进一步的视频特效创作打下基础。这虽然是一本关于 After Effects 的基础教程，但无论是对初学者还是有一定使用经验的人来说，都具有指导意义。希望学习者能以本书作为可依赖的参考资料。

参与编写本书的作者均来自职业教学第一线，在影视后期方面有着丰富的教学及实践经验，他们指导的学生也多次获得天津市及全国技能大赛优胜奖。他们分别是天津市电子计算机职业中等专业学校的商捷（第 1 章）、韩梅（第 4 章）、徐彬（第 5 章）、孙政（第 2 章、第 3 章、第 6 章）。本书在编写过程中，得到了天津市电子计算机职业中等专业学校校领导的大力支持，在此也表示感谢。

由于时间仓促，加之编者水平所限，难免有错漏之处，敬请读者批评指正。

本书所涉及案例的素材及项目文件可登录网盘下载，具体地址如下：

https://yunpan.cn/c6rUwUkcGUcLe（提取码：4ad2）

孙 政

2016 年 7 月

目　　录

第 1 章　用 After Effects CC 制作合成

1.1　合成技术

我们所说的合成是指什么呢？当我们在电影中看到真实的演员与硕大的怪兽进行搏杀的场面，看到哈利波特骑着神奇的扫帚在空中飞行的镜头，看到电视剧中绚丽的片头动画，看到综艺节目中各种酷炫的特效等等，我们常常被这些强烈的视觉、听觉效果所震撼，而这些其实都是用合成技术来完成的。

合成技术并不是现在才有的一种影视艺术解决方案，早期的影视合成技术，是在胶片、磁带拍摄及洗印过程中来实现的，工艺虽然比较原始，但效果也是不错的。计算机技术的迅猛发展，为利用计算机来完成合成制作带来了可能，数字艺术合成使得合成技术变得更加强大而高效，制作水准大为提高，制作成本大为下降。

究竟什么是合成呢？所谓的合成，就是指将数字视频、图片、文字、声音作为素材，进行各种方式的合并、加工处理，使其达到所需要的更加完美的效果。

举一个例子，我们要想吃一道菜，需要先把原材料采买回来，比如蔬菜、肉、葱、姜、蒜以及调味料等，而这就如同影视制作中对各种素材的采集，包括图片、视频、音频等。然后要对买回来的原材料在厨房中用各种烹调工具进行处理，切片、切丝、腌制等。而在影视制作中，我们也需要对素材进行处理，如抠像、校色等。最后，一道菜经过翻炒、出锅，成为一道美味的菜品，供人们品尝。而影视制作中，通过对各种素材的调整、添加动态效果、叠加、拼合，最终渲染成为影视作品，供人欣赏。这中间的道理是一样的，厨师就是合成师，厨房中的各种工具就是我们制作合成时的各种软件工具，整个制作过程，就是我们所说的合成。而厨师做的菜是否好吃，要看他的厨艺如何，合成师做的合成是否好看，当然也要看他的技术如何。这里有很多技巧，这就是我们今后要学习和探讨的主要内容了。

再举一个例子，我们想要拍摄这样一个镜头。一列高速行驶的地铁在隧道中爆炸了，那么我们怎么来进行拍摄？难道真的要在地铁中去点燃炸药？这肯定是不现实的。利用合成技术就可以实现，先拍摄列车行驶的素材，然后再拍摄炸药爆破的素材，将这两个素材进行拼合，把时间和画面配合好，列车爆炸的画面就不难实现了，爆炸产生的破碎效果，软件都可以制作出来。一个很难拍的镜头，通过合成的手法得以实现，效果不差而成本不高，这就是一个可行的方案。究竟最终效果如何，就要看制作者的水平了。

可见，合成技术是一种让我们的想象得以实现的技术，反过来它也激发我们的想象力进一步扩展。学习合成技术，将会使我们迈进一个神奇的新世界。

合成并不神秘，也不复杂，它不过就是把各种素材进行处理和组合，按照需要的方式呈现出来，但这里有几个关键点需要注意。

第一点是素材。首先要搜集自己需要的素材。素材一般包括视频素材、图片素材、声音素材等。视频素材可以用摄像机拍摄，然后采集成为数字视频，目前很多数字摄像机可以直接拍摄出数字视频，数字视频也有很多种格式，常见的如 MP4、MOV、AVI、FLV、WMV 等格式。视频素材可以拍摄，也可以上网去搜索和下载，还可以利用动画软件来进行制作（包括二维的动画软件和三维的动画软件）。如果视频素材的格式不能够被后期软件所兼容，那需要把视频格式转换成可以兼容的。目前这种转换视频格式的软件有很多，可以下载使用。

除了视频素材外，我们也常需要图片素材。图片素材网上很多，也经常会使用图片处理、制作软件来生成。常用的图片素材格式有 PSD、AI、BMP、JPG、TGA、TIF 等。

对于一个合成作品，声音往往是烘托效果的利器，能够找到好的声音素材是很关键的。声音素材的采集一般可以通过下载、录制和软件制作这几种方式来获取。WAV、MP3、AIF 都是常用的音频素材格式，利用好它们，会使影片增色不少。

除了以上所使用的素材，可能还会用到一些其他素材，比如文字素材、图片序列素材，这些随着后边讲述，读者也会对它们有所了解。

第二点是常用的合成软件。真正完成合成制作的工具是那些合成软件，常用的合成软件有 After Effects，Combustion，Digital Fusion，Nuke，Flame，Inferno 等，它们功能强大，各有特色。它们有的基于节点将素材进行合成，有的基于图层将素材进行合成。而本书所介绍的 After Effects CC 就是一款基于图层将素材进行组合的合成软件。它是最早出现在 PC 平台上的特效合成软件，具有强大的功能和低廉的价格，在中国拥有最广泛的用户群，国内大部分从事特效合成工作的人员，都是从该软件起步的。After Effects CC 是一款用于高端视频特效系统的专业特效合成软件。

第三点是艺术性。利用软件将采集到的素材制作成有魅力的合成作品，需要制作人员通过艺术性的手段来完成。这就需要制作人员具有一定的艺术鉴赏力、美学素养以及创造力，并且要有大量制作经验的积累，才能使自己制作的合成有较高的水准，才能真正打动观众。所以我们在学习技术的同时也不要忽略艺术性，而艺术性往往决定了作品的最终效果。

目前，数字艺术合成技术广泛应用于影视制作领域，在数字化动态视觉艺术中，合成技术随处可见，那些动画和特效往往都是通过合成技术制作完成的。一个好的数字后期合成工作者就如同一个魔术师，通过自己高超的技术，在观众的面前上演着各种精彩的魔术表演，而不留下任何痕迹。随着数字技术的不断发展，数字艺术制作水平在不断提高，所涉及的领域在逐渐扩大，如动漫产业、游戏产业、互联网产业等。从数字艺术后期合成角度看，衍生出的后期合成师、特效合成师等职业的市场需求量越来越大。因此，今天谁把握住了该行业发展的先机，谁就会成为未来另人羡慕的"职场精英"。

1.2　了解 After Effects CC

After Effects CC（简称 After Effects）是由美国大名鼎鼎的 Adobe 公司推出的一款可运行于 PC 和 Mac 平台的特效合成软件，由于其功能强大，价格低廉，受到专业人员和非专业用户的一致好评。它借鉴了许多优秀软件的成功之处,将视频特效合成上升到了新的高度。Photoshop 中层这个概念的引入,使 After Effects 可以对多层的合成图像进行控制,制作出天衣无缝的合成效果;时间轴以及关键帧的引入,使得软件对动画的控制方便而精准;因已在 Adobe 旗下, After Effects 本身就有着兼容性方面先天的优势,同时,它还可以同 3ds Max、Maya、Softimage 等主流三维软件进行无缝衔接,高效的视频处理系统确保了高质量的视频输出;而令人眼花缭乱的特技系统更使 After Effects 能够使使用者的各种创意得以实现。加之很多第三方制作的多如牛毛的特效插件也可使用,现在最新版本的 After Effects CC 在数字合成领域几乎无所不能。

After Effects 最早是由美国罗德岛州普罗威登斯一个名叫 CoSA(Company of Science and Art)的小软件公司开发的,该公司是由 4 个布朗大学的毕业生在 1990 年创建的。1993 年 After Effects 1.0 发布,受到广泛关注,同年 CoSA 公司被 Aldus 公司收购, 1994 年 After Effects 2.0 发布,同年 Aldus 公司与 Adobe 公司合并,从而 After Effects 正式纳入了 Adobe 旗下。

After Effects 和同类软件相比具有多方面的特色,具体表现在以下几个方面。

After Effects 在同类的软件中对硬件要求并不算高,软件的界面布局合理、整齐美观,工作流程清晰、容易理解。多姿多彩的特技效果可以用统一规范的方式进行设置和管理,极大地满足了用户的创意和设计,也使得初学者在开始学习时容易上手。

After Effects 基于图层对素材的管理方式类似于 Photoshop,利用图层管理素材,图层一张张地叠放起来,层上没有图像的部分以透明方式显示,就可以看到下面层的内容,利用这种形式,非常巧妙地将素材组合起来形成合成。

利用关键帧对动画进行驱动,可以对素材的各种属性在时间条上添加关键帧,同一属性在不同的时间段上两个关键帧的设置如果不同,那么这种属性的变化就会以可视动画的形式呈现出来,从而形成我们看到的动画效果。After Effects 对关键帧的添加和调节方法非常方便。

After Effects 与 Adobe 家族的产品可以很好地兼容。它可以识别 Adobe Photoshop 文件,读取 Photoshop 文件中的大量信息;可以读取 Adobe Illustrator 文件,同样也可以读取其大量信息;可以将 Photoshop、Illustrator 中的蒙版置入合成中使用;可以将 Adobe Premiere Pro 项目文件导入合成,在 Premiere Pro 中编辑好的片段将延续其时间顺序排放在 After Effects 相应的层上。After Effects 的工程文件也可以读取到 Premiere Pro 的序列中。

通过上述的讲解,相信读者对 After Effects 已经有了一个初步的了解。接下来,通过一个案例的制作,带领大家进入 After Effects 的精彩世界。

1.3　第一个案例

前面讲解了合成技术并简要地向读者介绍了 After Effects 这款软件,百闻不如一见,让我们启动 After Effects,用它来制作一个能够脱离制作环境、独立播放的视频,通过这个案例,初步学习 After Effects 的使用。

视频的内容以歌手周杰伦的音乐为主题,在蓝色舞台背景中,出现歌手周杰伦的黑色剪影,然后6张周杰伦不同时期专辑的海报图片由右向左依次飞入画面中,伴随着图片的飞入,相应的歌曲依次响起,之后所有的海报和剪影一同消失,标题文字"流行乐博览"由小到大出现,在文字上出现闪烁的光点。

1.3.1 After Effects 的工作界面

启动 After Effects,软件启动后,出现一个由多个面板组成的工作界面。默认的标准工作界面由标题栏、菜单栏、工具栏、项目面板、效果控制面板、合成面板、时间轴面板、信息面板等部分组成,如图 1-1 所示。

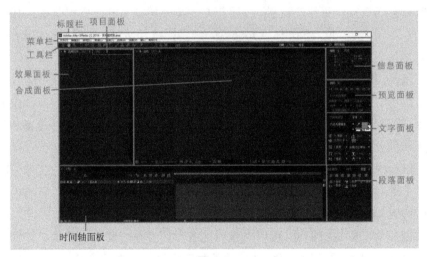

图 1-1

这个界面可以根据用户的个人工作习惯进行调整。用鼠标左键点中需要调整位置的面板的左上方,不要抬起,拖动其到目标面板位置,如图 1-2 所示。目标面板边缘出现 4 个梯形提示框。向哪个方向拖动,对应的梯形提示框颜色变深,释放鼠标左键后,被移动的面板就停放在目标面板的对应一侧,如果放在 4 个梯形提示框的中间,则被移动的面板与目标面板成为一个叠放的复合面板,这种复合面板可以通过单击左上方的面板名称进行切换选择。

如果希望对调整后的界面进行保存,以方便今后重新拾取,则执行菜单命令"窗口—工作区(S)—新建工作区 ...",如图 1-3 所示。

图 1-2

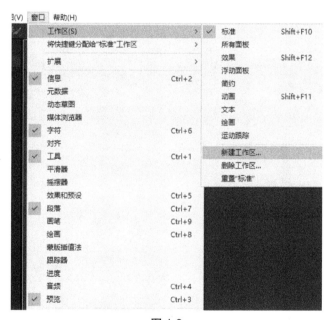

图 1-3

　　如果还是想恢复默认状态,则执行菜单命令"窗口—工作区(S)—重置'标准'",即可恢复已经被改动的工作界面。初学者经常会遇到不小心关闭了某个窗口而无法继续操作的问题,这时执行上面的这个命令是一个比较简便的方法。实际上在"窗口"菜单中的一级选项,前面挑勾的项目都是已经在界面中展开的面板,没有挑勾的就是关闭的面板,如果想在界面中展开某一个面板,只需要在菜单中点选面板名称,使其前面挑勾,则在界面中该面板即被打开。再次点选,该面板则被关闭。

　　选择"窗口—工作区(S)"命令,弹出其子命令菜单。根据工作内容的不同,After Effects提供了几种不同的操作界面布局,例如以特效合成工作为主的"特效"模式、以设置动画为主的"动画"模式等。

对于工作界面的调整，在工具栏的最右侧也有一个名为"工作区"的菜单可以进行选择设置，如图 1-4 所示。

图 1-4

1.3.2　新建项目

整个 After Effects 界面的最上面是标题栏。在标题栏左侧显示软件名称和当前项目名称，右侧从左至右分别放置最小化、最大化和关闭软件 3 个按钮。

由于还没有对当前的项目进行命名和保存，所以当前项目名称默认为"未命名项目"。如果需要对当前项目文件进行保存和命名，可以使用快捷键 Ctrl+Shift+S，打开"另存为"对话框，在该对话框中设置文件路径和文件名，对项目文件进行保存。在本案例中，保存我们的项目，文件名称为"流行乐博览"，如图 1-5 所示。

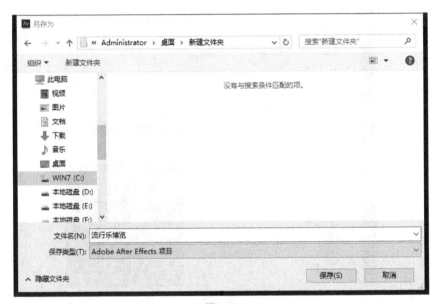

图 1-5

在开始做一个工程前，首先需要立项，After Effects 的项目也类似于此，所以也通常称项目为工程。After Effects 的项目担负着记录工作中使用的素材、层、效果等一切信息的重任。我们将工作中包含的各类信息存放在这个项目文件内，这个文件一般被称为项目文件，也被称为工程文件，英文为 Project，文件扩展名为".aep"。

新建项目文件的方法是执行菜单命令"文件—新建—新建项目"，快捷键是 Ctrl+Alt+N。在 After Effects 中不可以同时打开两个项目文件，所以当新建一个工程文件时，已经打开的项目文件将自动关闭，当然，如果没有保存，软件会提示对当前打开的项目文件进行保存。

关闭项目的方法是执行菜单命令"文件—关闭项目"。

重新打开项目的方法是执行菜单命令"文件—打开项目",在弹出的"打开"对话框中选择已经保存的工程文件,快捷键是 Ctrl+O。

一般新建一个项目文件后,先对其进行设置,执行命令"文件—项目设置",打开"项目设置"对话框,如图 1-6 所示,快捷键是 Ctrl+Shift+Alt+K。

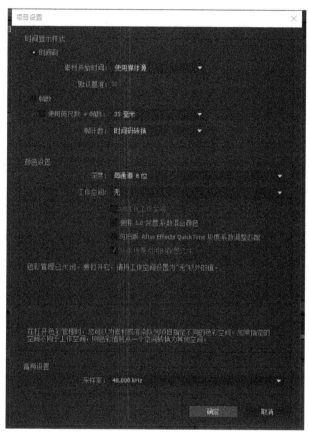

图 1-6

在"时间显示样式"区域,"时间码"表示用时间码的方式显示时间,最后两位为帧数。默认基准即为帧频。所谓帧频,就是每秒中显示多少帧。在动态视频中,连续播放的画面中的一张被称为一帧,每秒钟播放的画面数量为帧频。高清电视的帧频为每秒 25 帧或者 29.97 帧,电影的帧频为每秒 24 帧。帧频越低,动画播放的连贯性就越差。但过高的帧频也会导致资源的浪费。

"帧计数"是以帧为单位进行工作的,"英尺 + 帧"是一般的胶片格式,在本案例中,我们选择"时间码"计时,"默认基准"设置为"30"。

"颜色设置"中,"深度"可以对颜色位深进行设置,从应用上来讲,一般如果要在 PC 上使用,8bit 的色彩深度就可以满足要求,制作影片或者高清视频时可以采用 16bit 和 32bit。如果在项目中使用的素材图片位深与项目不符,则会导致一些细节损失。在本案例中,"深度"设置为"每通道 8 位"。

"音频设置"下拉列表中确定合成中音频使用的采样率，"采样率"默认为"48.000 kHz"
采样率。在本案例中，我们设置"采样率"为"48.000 kHz"。

另外我们还要对项目进行一些设置。执行菜单命令"编辑—首选项—常规"在弹出的
菜单中，可对 After Effects 进行一些设置。

在"导入"菜单项中，我们对素材的导入进行设置。在"静态素材"区域，如果选择"合
成长度"，则静态素材长度与合成长度一致。下面的选项，可以设置静态素材的长度，基于
每秒 25 帧。在本案例中，我们选择"合成长度"。在"序列素材"区域中可以设置图片序列
素材以每秒多少帧作为素材导入到项目中。在本案例中，我们设置为"25 帧 / 秒"。

"外观"菜单项中，在"亮度"区域，通过滑块，可以调节工作界面的亮度。向左调整滑
块，界面逐渐变暗，向右调整滑块，界面逐渐变亮，如图 1-7 所示。

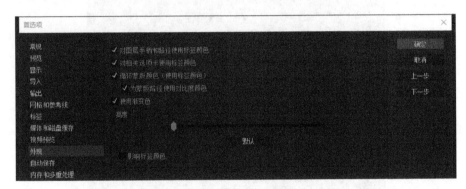

图 1-7

在"自动保存"菜单项中，勾选"自动保存"选框，在"保存间隔"中设置多长时间自动保
存一次。在"最多项目保存数量"中设置保存的备份数，如果设置为 5 个，则当保存到第 6
个备份时，替换第 1 个备份。这种设置非常人性化，可以避免出现意外造成没有存盘，项目
文件没能够保存的情况。但需要注意，如果使用自动保存，需要先将该项目文件进行保存。
在本案例中，当我们新建了项目后，先将案例保存，然后及时勾选"自动保存"项。

1.3.3　素材的导入

After Effects 工作界面的左上方为"项目"面板，这是一个管理素材及合成的面板，在
After Effects 中非常重要，如图 1-8 所示。我们将本案例制作所需要的素材导入"项目"面
板中。

在项目窗口的下部空白处，双击鼠标左键，弹出"导入文件"对话框，在该对话框中，选
择要导入的文件，单击"打开"按钮，则相应素材即被导入到"项目"面板中。

图 1-8

我们还可以一次性导入不同的文件夹内的多个素材。在项目面板中单击鼠标右键,在弹出的菜单中,选择"导入—多个文件"。

在本案例中,我们分类型进行导入。首先双击项目面板,在"导入"对话框中,导入路径选择配套光盘"第 1 章"文件夹中的"素材"文件夹,选择"背景.jpg"图片,"导入为"选择"素材"即可,一般 JPEG 格式的图片只可以用"素材"方式导入。选择"打开"按钮,这样,"背景.jpg"素材就以图片素材形式被放入"项目"面板了。

继续用同样的方法选择素材"剪影.tga"。同样以"素材"方式导入,选择"打开"按钮,会弹出"定义素材"对话框,这是因为我们选中的素材中带有 Alpha 通道,需要手动指定一下。

选择 Alpha 通道

Alpha 通道可以保存图像的透明信息。在该对话框中,选择"忽略"选项,图片的 Alpha 通道不以透明形式出现。

"直通"选项在高标准、高精度颜色要求的电影中会产生较好的效果,但它只有在少数程序中产生。

"预乘"选项的优点是有广泛的兼容性,大多数软件都能够产生这种 Alpha 通道。

一般情况下,我们选择对话框中的"自动预测",让软件帮我们预测选择。

对话框的右上方还有一个"反转 Alpha 通道"选框,勾选它,则 Alpha 通道区域进行反转。

在本案例中，我们以"直通"方式把含有 Alpha 通道的 TGA 图片素材"剪影 .tga"导入"项目"面板，如图 1-9 所示。

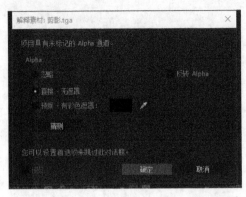

图 1-9

接下来，导入 7 个 PSD 格式图片。分别是"1.psd""2.psd""3.psd""4.psd""5.psd""6.psd""标题字 .psd"。可以结合 Ctrl 键，加选文件一起导入，也可以一个一个单独导入。在"导入文件"对话框中"导入为"选项菜单中，选择"素材"，用这种方法将图片素材导入。在接下来弹出的对话框中，可以进一步对导入进行设置。

在"导入类型"菜单选项中，依然选择"素材"选项。

在对话框的"图层选项"区域内，如果选择"合并图层"选项，则 PSD 文件中的所有图层合并为单独一层导入，各图层将不能再分别操控。

如果选择"选择图层"选项，则可以选择 PSD 文件中的某一层作为图片素材单独导入。如果选择"选择图层"选项，在下面的两个选项中决定是否保存 PSD 文件中保存的图层样式效果。

"素材尺寸"菜单选项中，如果选择"文档大小"，则无论导入的是哪一图层，都以整个 PSD 图片尺寸大小导入。而如果选择"图层大小"，则只以该图层所占的区域范围导入。

在本案例中，每个 PSD 格式文件中都只包含一个图层，所以我们以"合并图层"方式导入即可。

由于 PSD 格式是 Adobe Photoshop 软件的默认输出格式，After Effects 对它有良好的支持，它包含的图层信息以及 Alpha 通道信息，都可以被识别出来。

除了以"素材"方式导入，在"导入文件"对话框的"导入为"菜单选项中，还有两个选项，分别是"合成"及"合成—裁剪图层"。使用这两个命令导入素材中的不是图片，而是以合成方式导入。关于这两个选项会在后面的章节详细讲解。

继续导入素材。这一次用前面的方法将 6 个 WAV 格式的声音素材导入到"项目"窗口中，分别为"1.wav""2.wav""3.wav""4.wav""5.wav"和"6.wav"。

最后我们再导入一组序列图片素材。用鼠标左键双击项目窗口空白处，在弹出的"导入素材"对话框中，选择"素材"文件夹中的"光点"文件夹，在"光点"文件夹中，有许多带有序号的图片。选择第一张图片，注意对话框下方的 JPEG 序列选项，保证其被勾选，单击"打开"按钮,则这些图片以序列方式导入"项目"面板中(图 1-10 和图 1-11)。

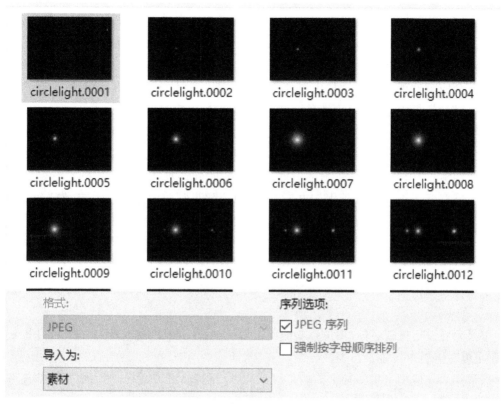

图 1-10

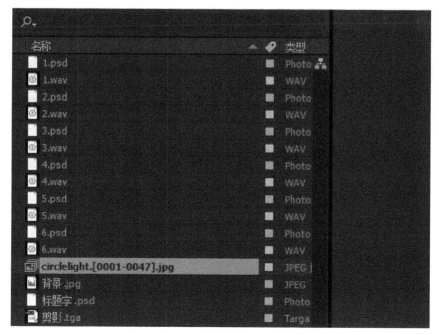

图 1-11

在"项目"面板中观察该素材，此处对素材情况有介绍，包括该素材的名称，素材"类型"为"序列图片"，"持续时间"为 1 秒 22 帧等信息。可见以"序列图片"形式导入的素材不是图片，而更接近于一个有一定时长的影片。单选"素材"，在项目面板的上方，还有素材的缩略图、大小等详细信息。

序列图片文件由若干张按序排列的图片组成，记录动态影像。每张图片代表一帧，通常是在特效合成软件或者动画软件中制作渲染产生的。针对这类素材，导入的时候，需要在"导入文件"对话框中勾选"序列选项"。导入后在项目窗口中，以 图标显示。

一般情况下，序列文件的文件名都是连续的，如果中间有间断，导入时会有两种选择方式：一种是按常规方式导入，导入的序列素材中，图片间断对应的时间段，合成窗口中的影像会以彩条图案进行替代，序列素材的时间会将间断时间计算在内。另一种是"强制为字母顺序"导入，就是不管序列文件中间有无间隔，图片都强制前后连接在一起，作为一段序列导入，播放时影像不会以彩条图案替代，序列素材的时间将不计算间断时间。如果要以第二种方式进行导入，注意在设置"导入文件"对话框时，要勾选"强制按字母顺序排列"选项。

素材管理

在项目面板中，如果想删除导入的某个素材，只需要单选该素材，按下键盘上的 Delete 键，即可将该素材删除。

如果想更改素材的名称，用鼠标右键单击该素材，在弹出的菜单中，选择"重命名"菜单项，则可以对素材重新命名。

如果想用其他的素材替换当前的素材，用鼠标左键单击该素材，使用快捷键 Ctrl+H，可以重新选择素材进行替换。

导入到 After Effects 中的素材实际上只是一个路径信息，每次使用时，软件都需要根据路径调入其原始位置的文件信息，而不是真正把文件放进 After Effects 中来，这样既减小了文件的大小，调入速度又比较快。但是素材的路径信息就变得非常重要，如果素材原始位置发生改变，After Effects 就不能找到素材信息了。在这种情况下，则需要选择"项目"面板中的素材，使用替换素材的方法对其进行替换。

如果导入的素材太多，可以在"项目"面板的左下方选择"新建文件夹" ，用文件夹对素材进行管理。如果在"项目"面板中的文件找不到了，可以利用项目面板中的"素材搜索"工具 对素材进行搜索。

本案例制作中我们所需的素材都已经导入，接下来继续制作。

1.3.4 创建合成

要进行影片的制作，需要建立合成。我们最终看到的视频，就是一个合成的渲染输出，或者是很多个合成嵌套成为一个合成的渲染输出。这里所说的"合成"，是指 After Effects 中经过加工后的作品。在 After Effects 软件界面中，"合成"面板是一个非常重要的面板，每次创建或打开一个合成，该合成的可视化内容将在"合成"面板中展现出来（图 1-12），同时下方的"时间轴"面板也显示出该合成的时间状态（图 1-13）。After Effects 中的大部分制作,将依靠这两个面板来完成。

图 1-12

图 1-13

　　创建一个合成的方法是执行菜单命令"合成—新建合成",或者使用快捷键 Ctrl+N,再或者单击"项目"面板中的"新建合成"按钮,都可以弹出"合成设置"对话框。

　　在"合成设置"对话框中,对需要创建的合成进行设置。"合成名称"中,输入需要创建的合成的名字,我们输入"流行乐博览"。

　　在"基本"标签内,设置合成的基本属性。在"预设"菜单选项中,可以选择合成的制式。PAL 和 NTSC 都属于标清制式,HDTV 属于高清制式。选择其中任意一项,则在"合成设置"对话框"基本"标签下的各项目参数随制式变化而自动产生变化。在本案例中,我们选择"自定义",则手动设置各项参数。取消"纵横比锁定"选项,否则合成长宽比总会被保持默认比例。

　　"宽""高"选项决定合成的尺寸大小,单位是像素。

　　在本案例中我们设置"宽"为 1920px,"高"为 1080px。"像素纵横比"设为"方形像素"。所谓像素纵横比即为每一个像素的长宽比例关系。不同制式的像素长宽比是不同的,方形像素就是每一个像素长和宽保持一致。

"帧速率"选项设置合成的帧频,不同制式帧频也不相同,在本案例中我们设置为 25 帧每秒。

"分辨率"选项设置合成的清晰度,一般情况下,设置为"全屏"即可,这样的清晰度最高。

"开始时间码"设置开始时间,在本案例中,设为"0:00:00:00",即从 0 秒开始。第一个"0"是指小时,后面的"00"代表分钟,再后面的"00"代表秒,最后的"00"代表帧。因为设置了 25 帧每秒,那么帧进位到秒为 25,而前面的秒、分钟和小时进位都为 60。

"持续时间"设置合成的时长。在本案例中,设置"持续时长"为 25 秒,即"0:00:00:00"。

在"背景颜色"项中,可以在后面的色块中选择一种颜色做合成背景色,默认是黑色。

用鼠标左键单击"图像合成设置"对话框中的"确定"按钮,完成合成的创建。在"项目"面板中,出现"流行乐博览"合成。"时间轴"面板也切换为"流行乐博览"合成的时间轴。

如果我们想再次修改已经创建的合成的相关信息,可以通过执行菜单命令"图像合成—图像合成设置"选项,打开"图像合成设置"对话框来完成,快捷键为 Ctrl+K 键。

在"合成"面板中,可以预览节目,并利用"工具栏"中的"选取工具" 手动对素材层进行移动、缩放、旋转等操作,它主要对层的控件位置进行操作。此时,在"合成"面板可以看到我们创建的"流行乐博览"合成,"合成"面板左上角有合成的名称。此时合成中没有任何素材,是一个空合成,以黑色显示,周围的灰色区域则是可操作区域。例如我们可以将影片拖到显示区域以外,这样就看不到或者只能看到部分影片了,以此来产生影片的位置动画。稍后的学习中我们将接触到这个内容。

其实此时我们创建的合成是一个透明合成,如果我们想观察合成的透明信息,可以单击合成面板下方的"开关透明栅格"按钮 。

"合成"面板下方是一些常用的工具,"缩放按钮"可以在弹出的下拉列表中选择显示区域的缩放比例 100% 。利用缩放按钮缩放合成只改变窗口中显示的大小,不改变合成的实际大小。也可以通过鼠标中间的滚轮来缩放窗口。当合成放大不能在"合成"面板中完全显示的时候,一般利用"工具栏"中的"手形"工具 进行拖拽观看。按下鼠标中键,也可以迅速切换到"手形"工具。

"当前时间"按钮 0:00:00:00 显示当前时间位置合成的状态。与"时间轴"面板左上角黄色显示的"当前时间"是一致的。

"选择参考线与参考线选项"按钮 可以显示"字幕 / 活动安全框""比例栅格""栅格"等参考线。

"获取快照" 和"显示最后快照" 两个按钮配合使用,利用获取快照对当前合成效果进行记录,在后面的操作中,可以利用"显示最后快照"按钮,进行效果之间的比对。

"显示通道及色彩管理设置"按钮 可设置色彩显示通道。

"分辨率"菜单选项设置当前合成的显示质量,如果内存不足致使显示速度较慢,可以将显示的分辨率降低,而不影响最终视频的输出质量。在该菜单项中,"全屏"为最佳显示效果,"1/2""1/3""1/4"选项的显示质量依次下降,而显示速度依次变快。

"目标区域"按钮![]可以在"合成"面板中定义一个矩形区域。系统仅显示矩形区域内的影片内容。这样,可以加速预演速度,提高工作效率。

"3D 视图"按钮![活动摄像机 ▼]可对合成观察的视角进行选择,是在添加三维层和摄像机后进行使用的。

"选择视图布局"按钮[1 个视图 ▼],可以设置在"合成"面板中的视图布置方案,一般配合"3D 视图"使用。

"切换像素长宽比校正"按钮![]可校正像素长宽比。

"快速预览"按钮![]根据计算机硬件选择预览的驱动方式。

"时间轴"按钮![]打开该合成相对应的"时间轴"面板。

"合成流程图"![]按钮可以打开"合成流程图",用节点方式管理合成。

"重置曝光"按钮![+0.0]使曝光显示效果还原。"曝光调整"可以在合成中提高和降低曝光强度,一般情况下使用默认值"0"。

1.3.5　时间轴面板

选择"项目"面板中的"背景 .jpg"素材,用鼠标左键将其拖拽到"时间轴"面板中,产生"背景 .jpg"图层(图 1-14),在"合成"面板中可以看到图片居于合成中间(图 1-15)。

图 1-14

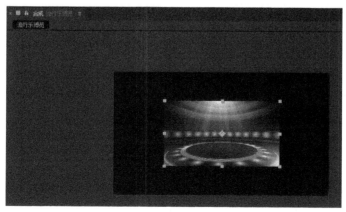

图 1-15

在"时间轴"面板中,可以调整素材层在合成中的时间位置、素材长度、叠加方式、合成的渲染范围、合成时长以及一些图层蒙版等相关设置，它几乎包括了 After Effects 中的一切操作。"时间轴"面板以时间为基准对层进行操作，包括两个区域：左侧为层控制区域，右侧为时间轴区域。

1. 时间轴区域

时间轴区域包括时间标尺、时间指示器、当前工作区域及素材时间条。时间轴区域是"时间轴"面板工作的基准，它承载着指示时间的任务，其中时间标尺显示时间的信息。调节时间轴区域左下方的"缩小、放大"工具，时间标尺会随之发生变化。

时间指示器█用来指示时间位置。选中时间指示器，按住鼠标左键，在时间标尺上左右拖动，可以改变时间位置，从而在"合成"面板中观察到不同时间中合成的可视效果。

将素材调入合成中，素材将以层的形式以时间条的形态排列在时间轴区域，在"时间轴"面板中，素材时间条的深色区域为有效显示区域，浅色区域不在合成中显示（图 1-16）。

After Effects 中可以通过鼠标拖动素材时间条改变其左右位置和上下位置，左右位置的改变代表出现时间的改变，上下位置的改变是图层上下关系的改变。也可以将鼠标放在时间条的头部位置和尾部位置进行拖动，这种方式的调整，可以改变素材入点和出点的时间。

"时间轴区域"标尺下方的灰色条两端分别有两个滑块，分别为"工作区域开始点"和"工作区域结束点"，它们之间的区域为工作区，可以通过鼠标来调节"工作区开始点"和"工作区结束点"，从而改变工作区范围（图 1-17）。

图 1-16   图 1-17

2. 层控制区域

在该区域，可以对层进行控制。

"当前时间"█0:00:00:00█：此项显示当前图像所处的时间位置，即在时间轴窗口上时间指示器所处位置。单击"当前时间"按钮，弹出"跳转时间"对话框，在数值框中输入时间，时间指示器可自动转到输入时间处，显示该处时间的合成状态。利用该对话框，可以精确地在合成中定位时间。

"视频"开关█：此项控制是否显示该图层，声音素材无此选项，此开关可以在合成中显示或隐藏层。

"音频"开关█：此项控制是否具有声音，不含音频的素材无此选项，此开关可以使合成内存预览时和渲染时，使用或者忽略层的音频轨道。

"独奏"开关█：此项打开可以使合成窗口中仅显示当前层。如果同时有多个层打开"独奏"开关，则合成中显示所有打开"独奏"开关的层。

"锁定"开关🔒：此项可以锁定图层，一个图层被锁定以后，该图层的内容将不能再被编辑。

按钮▶：此项单击这个按钮，可以展开图层的各项属性，从而可以对图层属性进行设置。

"标签"色块🔵：此项用于区别不同类型的合成和素材。层的颜色标记代表素材的文件类型，如视频、图片、音频等。用户可以改变标记的颜色，执行命令菜单"编辑—标签"，在子菜单中选择颜色。如果想选择所有相同颜色的层，可以执行命令菜单"编辑—标签—选择标签组"。

"#"下面的编号代表合成中层的自动编号，层的编号以层在合成中的位置为准。处在最上方的层编号总是为 1。通过按数字键盘上的数字键，可以在层 1~9 之间直接对层进行选取。

"源名称"：在默认情况下，"时间轴"面板中的层均使用其源文件名，可以更改层名称，方法是用鼠标右键单击层名称，在弹出的对话框中选择"重命名"菜单命令。

1.3.6　对合成进行操作

接下来对合成进行如下操作。

（1）调整图层"舞台 .jpg"大小至满合成显示，用鼠标左键单击"合成"面板或者"时间轴"面板的"舞台 .jpg"素材，然后使用快捷键 Ctrl+Alt+F，使图片大小适配整个合成界面（图1-18）。

（2）将"剪影 .tga"素材拖放至"时间轴"面板"舞台 .jpg"图层的上面。

（3）接下来对"剪影 .tga"设置一个动画效果。单击"当前时间"按钮，在弹出的"跳转"时间对话框中输入"0:00:01:00"，也可以直接输入"100"，则时间指示器跳转到 1 秒位置。在 1 秒的位置，选择"剪影 .jpg"图层，单击图层标签前面的小三角，展开该图层的"变换"属性。再点开"变换"前面的小三角，展开变换属性（图 1-19）。

图 1-18

图 1-19

在变换属性中，可以看到 After Effects 图层的 5 个基本属性，分别是"锚点""位置""缩放""旋转""不透明度"几个属性。

"锚点"属性。"锚点"是对象的旋转或缩放等设置的坐标中心。在"锚点"属性设置中，第一个值为 X 轴方向位置值，第二个值为 Y 轴方向位置值。随着"锚点"的位置不同，对象的运动状态也会发生变化（图 1-20）。选择对象，使用快捷键 A 展开其属性。

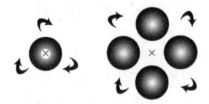

图 1-20

"位置"属性。此项设置对象在合成中的位置，第一个值为 X 轴方向位置值，第二个值为 Y 轴方向位置值。选择对象，使用快捷键 P 展开其属性。

"缩放"属性。此项设置对象在合成中的缩放比例，第一个值控制 X 轴方向的比例缩放，第二个值控制 Y 轴方向的比例缩放。若勾选前面的小锁按钮，则比例被约束，X 轴方向比例变化，Y 轴方向的比例也随之产生变化。选择对象，使用快捷键 S 展开其属性。

"旋转"属性。此项设置对象在合成中的旋转情况，左侧值为旋转的圈数，右侧值为旋转的角度，当第二个值超过 360 度，则向第一个值进位。选择对象，使用快捷键 R 展开其属性。

"不透明度"属性。此项设置对象在合成中的透明度，100% 为不透明，0% 为完全透明。选择对象，使用快捷键 T 展开其属性。

每一属性前面都有一个"秒表"按钮，按下"秒表"按钮，可以记录该属性的关键帧，通过添加关键帧，使对象产生动画效果。

在本案例中我们按下"不透明度"属性前面的"秒表"按钮，在 1 秒位置，记录一个关键帧，其透明度参数为"100%"。

将"时间指示器"调整到 0 秒的位置，调整透明度参数，改变其参数为"10%"。0 秒位置透明度属性自动添加关键帧（图 1-21）。

图 1-21

在 After Effects 中，不同时间段上的相关属性参数发生变化，将自动为该属性添加关键帧。此时，按下键盘上的空格键，预览合成播放效果。再次按下空格键，暂停预览。在"合成"面板中，可以观察到"剪影"图片产生了淡入效果。

也可以通过 After Effects 界面中的"预览控制台"面板,实现对合成动画播放的控制(图 1-22)。

通过该面板,可以对素材、层、合成内容进行回放,还可以在其中进行内存预演设置。利用 ▶ 播放控制键,可以播放当前"合成"面板的动画,再按一次可以暂停播放。 ◀▶ 为逐帧播放按钮,每按一次该键,动画就会前进或者后退一帧。按 ▶▏键动画直接到合成起始或者结尾处。音频键 ◀》 内存预演是否播放音频。 ▟ 为循环播放按钮,当切换为

图 1-22

此键时,合成动画循环播放,直至再次按下暂停键,再次单击可以切换到 ▟ 按钮,可以做正反往复播放,再次单击该按钮可以切换为 ▶▶ 按钮,为播放完毕后,定格画面为当前时间指示器所在位置。 ▶▶ 为内存实时预览,按下此键,After Effects 将会对工作区内的合成动画载入内存,以实时方式进行动画预演,这个功能的快捷键为小键盘上的"0"键。

▊ RAM 预览选项 ▼ 菜单可以切换两种内存预演,分别为"RAM 预演"和"Shift+RAM 预演"。两种预演方式完全相同,但是可以分别为两种预演方式设置不同的参数,例如设置不同的帧速率。按住 Shift 键,在两种方式间进行切换,可显示不同的预演状态。

"帧速率"下拉菜单可以设置预演的帧速率。一般设置为与合成的帧速率相同,本案例中选择"25"。"跳过"选项可以设置一个帧忽略数,例如 0,则每隔 0 帧建立预演。在"分辨率"下拉菜单中,设置预演的分辨率。勾选"从当前时间"则从当前"时间指示器"所在的时间开始进行预演。勾选"全屏"选项,则在使用内存预演时,软件将全屏预演合成动画。

如果想获得更多的内存用于预演,可以使用菜单命令"编辑—清空",对部分占用内存的内容进行清空,在其子菜单中,可以选择清空的内容。

配合 Ctrl 键,在"项目"面板中连续点选"1.psd""2.psd""3.psd""4.psd""5.psd""6.psd"6 张图片素材,将它们一起拖放至"时间轴"面板"剪影 .tga"图层的上面(图 1-23)。

图 1-23

在"合成"面板中,6 张图片叠放在一起,由于图片大小一致,因此只能看到最上层的图

片,如果想看到下面的图片,可以通过"时间轴"面板图层前面的█按钮隐藏上面的图片。

现在我们为"1.psd"图片素材添加一个特效。

在"时间轴"面板中点选"1.psd"素材的层为选择状态,执行菜单命令"效果—过时—基本 3D",这样"基本 3D"特效就被添加到这张图片上了。我们会发现界面左上角"项目"面板旁边的"效果控制"面板展现出来,可以通过点选面板上的名字实现两个面板之间的切换。

"基本 3D"特效可以使素材实现在三维空间中的视觉效果。"基本 3D"特效中,"旋转"属性控制对象沿 Y 轴的旋转。"倾斜"属性控制对象沿 X 轴的旋转。"与图像的距离"属性控制对象 Z 轴的位置。

在本案例中调节其中"旋转"的参数为"0x-32.0°","倾斜"的参数为"0x-15.0°","与图像的距离"的参数为"12.0",此时可以在"合成"面板中观察到图片素材发生了角度的变化并向远处进行移动(图 1-24)。

接下来我们为"1.psd"图片素材添加第二个特效,执行菜单命令"效果—透视—斜面 Alpha",在"效果控制"面板中增加"斜面 Alpha"特效控制项。"斜面 Alpha"特效可以使图片产生厚度感,形成倒角边缘效果。"边缘厚度"控制产生厚度的程度,"灯光角度"调节产生的光边的方向,"灯光颜色"调节图片边缘光色,"灯光强度"控制图片边缘亮度。

在本案例中,我们调节"边缘厚度"为"12.00",灯光角度为"0x-60.0°",单击"灯光颜色"右侧的色块,在"灯光颜色"对话框中设置色号为"#05AAFF","灯光强度"为"1.00"(图 1-25)。

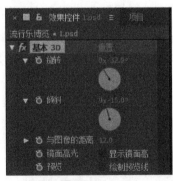　　　　

图 1-24　　　　　　　　　　　　　　　　　图 1-25

接下来,我们为其他专辑海报图片添加同样的特效,为了避免重复操作,我们将对"1.psd"添加的特效复制给其他图片。在"效果控制"面板中,配合 Ctrl 键,点选"基本 3D"和"斜面 Alpha"特效名称,使用快捷键 Ctrl+C 复制特效,然后在"时间轴"面板中选择"2.psd",点选"特效控制"面板,使用快捷键 Ctrl+V,将"基本 3D"和"斜面 Alpha"两个特效粘贴在该面板中,则"2.psd"产生了同"1.psd"同样的效果。用同样的方法,将这两个特效也复制到"3.psd""4.psd""5.psd""6.psd"几个图片上。

在"时间轴"面板中的图层,上下关系可以随时调换,我们尝试调整这 6 张专辑海报的上下位置,用鼠标直接拖动层的名称即可,使它们以"6.psd""5.psd""4.psd""3.psd""2.psd"

"1.psd"的顺序由上至下排列（图 1-26）。

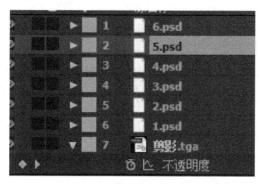

图 1-26

1.3.8　制作动态效果

在 After Effects 中制作动画,最重要的是把握好时间和参数这两个关键要素。在本案例中,我们制作 6 张专辑海报依次由画面外移入的效果。

首先同时选择"时间轴"面板上的"6.psd""5.psd""4.psd""3.psd""2.psd""1.psd",配合 Shift 键选择最上面的图层和最下面的图层即可。

按下键盘上的 P 键,在时间轴面板中展开这 6 个图层的位置属性。用鼠标左键选择任意一个图层位置属性的第一个参数,即沿 X 轴方向位置参数向右拖动(因为我们只做图片水平的移动),则所有专辑海报向右移动,至它们移出画面右侧,参考数值为"2400"(图 1-27、图 1-28)。

图 1-27

图 1-28

在时间轴面板中,将"时间指示器"移动至 1 秒位置,或者单击"当前时间",在"跳转时间"对话框中输入"100"。我们在 1 秒的位置上为"1.psd"图片素材的位置属性打上关键帧,单击"位置"前面的秒表即可。此时开始记录关键帧。再将"时间指示器"移动至 2 秒位置,或者单击"当前时间",在"跳转时间"对话框中输入"200"。这一次向左拖动"1.psd"位置属性的第一个参数,使其值变小,同时我们观察到,一张专辑海报移入,在"合成"面板中出现位移路径,参考数值为"720"(图 1-29)。

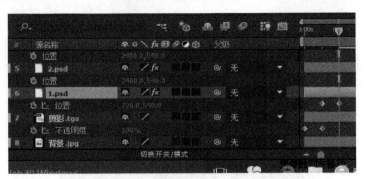

图 1-29

用同样的方法，选择"2.psd"，"时间指示器"在 4 秒位置记录关键帧，然后至 5 秒，将图片 X 轴位置参数向左移动，参考数值为"850"，"2.psd"移入画面。

选择"3.psd"，"时间指示器"在 7 秒位置记录关键帧，然后至 8 秒，将图片 X 轴位置参数向左移动，参考数值为"980"，"3.psd"移入画面。

选择"4.psd"，"时间指示器"在 10 秒位置记录关键帧，然后至 11 秒，将图片 X 轴位置参数向左移动，参考数值为"1110"，"4.psd"移入画面。

选择"5.psd"，"时间指示器"在 13 秒位置记录关键帧，然后至 14 秒，将图片 X 轴位置参数向左移动，参考数值为"1240"，"5.psd"移入画面。

选择"6.psd"，"时间指示器"在 16 秒位置记录关键帧，然后至 17 秒，将图片 X 轴位置参数向左移动，参考数值为"1370"，"6.psd"移入画面。

6 张专辑海报依次进入画面的动画做好了，我们为每一段海报的进入配上一段音乐。用鼠标左键拖动"项目"面板上的声音素材"1.wav"至"时间轴"面板"1.psd"图层下，使其入点对准 1 秒位置。

拖动"项目"面板上的声音素材"2.wav"至"时间轴"面板"2.psd"图层下，使其入点对准 4 秒位置。

拖动"项目"面板上的声音素材"3.wav"至"时间轴"面板"3.psd"图层下，使其入点对准 7 秒位置。

拖动"项目"面板上的声音素材"4.wav"至"时间轴"面板"4.psd"图层下，使其入点对准 10 秒位置。

拖动"项目"面板上的声音素材"5.wav"至"时间轴"面板"5.psd"图层下，使其入点对准 13 秒位置。按住 Shift 键拖动时间条，对"时间指示器"具有吸附功能。

拖动"项目"面板上的声音素材"6.wav"至"时间轴"面板"6.psd"图层下，使其入点对准 16 秒位置（图 1-30）。按住 Shift 键拖动时间条，对"时间指示器"具有吸附功能。

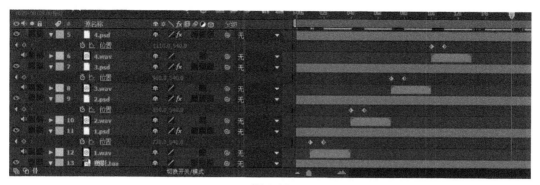

图 1-30

　　将"时间指示器"调整到 20 秒位置,选择"6.psd""5.psd""4.psd""3.psd""2.psd"和"1.psd"图层以及"剪影 .tga"图层,按下 T 键,展开它们的透明属性,单击前面的秒表,记录关键帧。再将"时间指示器"调整到 21 秒的位置,将透明属性参数值由"100%"向左拖至"0%",使合成中 6 张专辑海报和黑色人物剪影一起消失。

　　接下来将素材"标题字 .psd"由"项目"面板拖放至"时间轴"面板最上层。

　　将"时间指示器"调整到 21 秒位置,选择"时间轴"面板中"标题字 .psd"图层,按下快捷键 S,展开缩放属性。按下前面的秒表,记录关键帧。鼠标向左拖动缩放参数,调整到"0.0,0.0%",合成中标题字缩小至消失(图 1-31、图 1-32)。

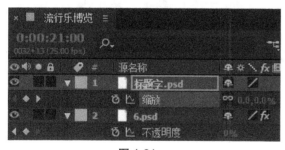

图 1-31

图 1-32

　　再将"时间指示器"调整到 22 秒位置,鼠标向右拖动缩放参数,调整到"100.0,100.0%",合成中标题字放大,完成标题字在 1 秒钟内由小变大的动画效果(图 1-33、图 1-34)。

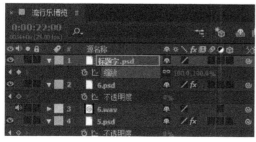

图 1-33

图 1-34

此时感觉文字不够突出，我们来为文字添加一个投影效果进行衬托。

添加投影特效的方法是：选择"标题字"图层，执行菜单命令"效果—透视—投影"，为文字添加了投影特效。

感觉投影效果还不够明显，我们在"特效控制台"面板中，进一步对其调整。

"阴影色"选项，可以单击其后的色块，在弹出的"阴影色"对话框中选择一种阴影颜色。

"不透明度"选项可以调节参数，控制阴影的透明度。

"方向"选项控制阴影和产生阴影对象相互的角度关系。

"距离"选项设置文字与阴影的远近关系。

"柔和度"选项控制阴影边缘的虚化程度。

"仅阴影"选项，勾选该选项，则产生阴影的对象消失，只保留阴影。

在本案例中，我们设置"距离"项的参数为"15"，使文字从画面中突出出来（图1-35）。

针对动态效果，还可以添加动态模糊。在实际拍摄的时候，摄像机曝光过程中，高速运动的物体由于运动速度快，拍摄的画面中运动物体会产生模糊的效果，这种效果被称为动态模糊（图1-36）。

图 1-35　　　　　　　　　　　　　　　图 1-36

在制作动画过程中，为了使制作的运动效果更加逼真，接近于实拍效果，往往需要为动态物体增加这种动态模糊效果。在 After Effects 动画制作中，添加动态模糊的方法也很简单，在"时间轴"面板中，选择需要添加动态模糊效果的对象层，在图层名称后面的选项栏中找到添加动态模糊的选项▣，在选项中点选即可，需要为哪个图层添加，就在哪个图层中点选"动态模糊"选项。一般情况下，只对添加动画的图层添加动态效果。

此时预览动画，会发现并没有产生动态模糊效果。这是因为动态模糊的总开关还没有打开。动态模糊的总开关在"时间轴"面板的上部 ▣，按下它，则合成中的运动物体产生动态模糊效果。运动速度越快的物体，动态模糊效果越强烈。

在本案例中，我们为所有的专辑海报和文字标题添加动态模糊效果。

如果希望进一步增强动态模糊效果，可以选择当前"合成"面板（用鼠标点选合成面板，合成面板周围有蓝色边框即说明被选中），使用 Ctrl+K 快捷键，在弹出的"图像合成设置"对话框内，选择"高级"标签，在"动态模糊"区域内，增大"快门角度"的参数即可（图1-37）。

图 1-37

　　需要说明的是,动态模糊的添加会大大增加软件预览时内存的计算负担,影响操作时的流畅性。因此一般情况下,应在所有制作完成后、准备渲染输出前,再打开动感模糊的总开关。

1.3.9　图层的叠加

　　将"项目"面板中的图片序列素材拖放至"时间轴"面板的最上层,并将其入点对准在22 秒处放置(图 1-38)。此时在"合成"面板中看到光点闪烁素材遮挡住了标题文字。此时借助图层的叠加方式进行调整(图 1-39)。

图 1-38

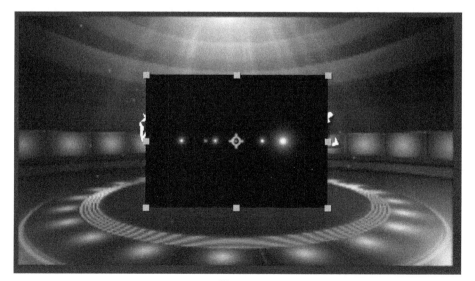

图 1-39

　　在"时间轴"面板的左下角,有 3 个按钮，按下第二个按钮"展开或折叠转换控

制框"，在时间轴窗口上方的条目中会增加一些项目。在模式
栏目下，我们看到"图片序列"图层为"正常"。这就是说该图层当前与其下方的图层"叠加
模式"为正常。

　　单击"正常"右侧的三角按钮，展开菜单，这里有若干项目，它们都是图层的各种叠加模
式（图 1-40）。选择"相加"项目，看到素材中光点的黑色背景被滤掉了，产生了光点在文字
上闪烁的效果（图 1-41）。

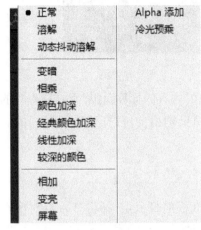

　　　　　图 1-40　　　　　　　　　　　　　　　　　图 1-41

　　After Effects 可以通过图层的叠加模式控制上层与其下图层的融合效果。图层叠加模
式对于合成非常重要，利用不同的叠加模式可以产生各种风格迥异的叠加效果。After Ef-
fects 提供的图层叠加模式种类非常多，读者可以一一尝试。

　　对于特效合成来说，图层叠加模式是一个非常重要的概念。在大多数情况下，为了取得
更好的合成效果，我们经常进行这方面的调节。掌握图层叠加模式的效果，将使合成工作更
加得心应手。

1.3.10　渲染输出

　　我们的案例制作到这里基本完成了，接下来，需要对影片渲染，输出为一个脱离 After
Effects 制作环境也能够独立播放的视频文件。在这里，向大家介绍一下 After Effects 将合
成输出为视频的方法。

　　选择要进行输出的合成的"合成"面板。在本案例中，我们只需要用鼠标左键单击我们
制作的"流行乐博览"合成的"合成"面板即可。

　　执行菜单命令"图像合成—制作影片"或者使用快捷键 Ctrl+M，在界面的下方，"时间
轴"面板旁边弹出"渲染队列"面板（图 1-42）。

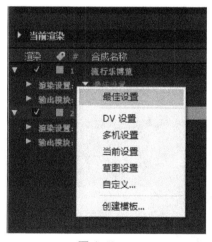

图 1-42

在"渲染队列"面板的上方是渲染进度条,在渲染过程中,可以查看渲染的完成进度情况。其下方显示"当前渲染"合成的名称、已用渲染时间、需要完成渲染的剩余时间的信息栏。单击"当前渲染"项左边的小三角,可以展开信息栏,里面包括更加详细的信息。右侧有 3 个按钮,分别是"停止""继续""渲染",可以控制对合成停止渲染、暂停、继续渲染和开始渲染。

在开始渲染之前,通常需要对渲染任务进行一些设置。单击"渲染设置"右侧的小三角,在弹出的菜单中选择"最佳设置"(图 1-43)。单击"输出模块"右侧的小三角,在弹出的菜单中选择"自定义 ..."(图 1-44)。

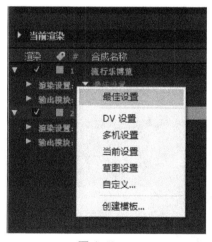

图 1-43

图 1-44

After Effects 在"渲染队列"面板中进行渲染和输出设置,并完成对合成的渲染。在渲染开始前,可以在"渲染队列"面板下方查看渲染队列,在渲染队列中依序排列着等待渲染的合成,拖动它们的上下位置,可以改变影片渲染的顺序。

弹出"输出模块设置"对话框(图 1-45)。

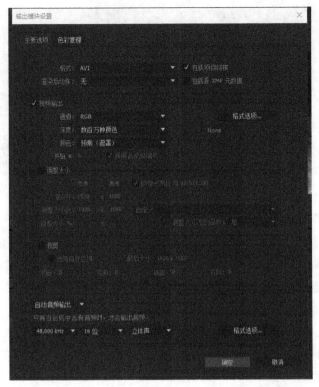

图 1-45

在格式下拉列表中选择输出格式,可以选择"Video For Windows"来输出"AVI"格式的视频文件(图 1-46)。单击"格式选项"按钮,在弹出的"视频压缩"对话框中,选择"压缩编码"下拉列表中的一种压缩编码(图 1-47)。

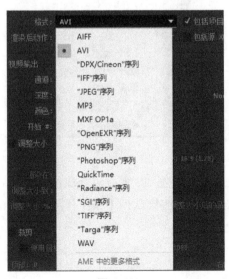

图 1-46

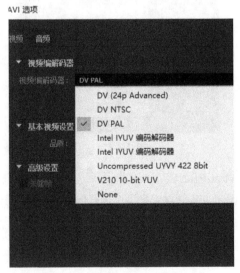

图 1-47

如果选择"None",输出的视频会变得非常大。编码的主要作用是对视频信号进行压缩。数字化后的模拟视频信号数据量非常大。庞大的数据量使得数据传输、存储和处理都非常困难。因此,需要采用压缩编码技术进行压缩。既然有编码,也就对应着解码。这就要求我们在制作时选用一种编码压缩生成视频,在播放视频的计算机中需要有相应的解码器才能播放视频。选择好压缩编码,在下面的"压缩品质"中设置压缩品质,可以通过滑块来进行参数调节,滑块向左则压缩品质低,文件变小,显示效果质量变差。滑块向右则压缩品质高,视频音画质量好。完成设置后,单击"确定"按钮。

在"输出组件"对话框中,还要注意下方的"音频输出"。默认情况下,选择自动音频输出。如果选择"不输出音频",则最终渲染的视频中没有声音。如果选择输出音频,在下面的选项菜单中,可以选择输出音频的采样率、位深和通道。一般情况下,保持和项目设置一致即可(图 1-48)。

图 1-48

设置完成后,选择"输出模块设置"对话框右下角的确定按钮,返回到"渲染队列"面板。在"输出到"项目右侧的文件名处,点选文件名称,在弹出的"输出影片为"对话框中选择输出视频文件的保存路径以及输出视频的文件名,完成设置后点选"保存"按钮,返回到"渲染队列"面板。此时完成了我们对渲染的所有设置,单击该面板右上角的"渲染"按钮开始进行渲染输出,上方的进度条显示完成进度,当渲染结束后,计算机会有提示音进行提示。

至此,我们的视频就做好了。

After Effects 可以输出的格式是多种多样的,根据需要要在渲染前进行设置。

如果是在基于 Mac 的平台上播放,可以输出一个 MOV 格式的影片。在"输出组建"对话框中的格式菜单,选择"QuickTime Movie"选项,与输出 AVI 格式视频一样,可以点选"格式选项"按钮,在"视频压缩"对话框中选择一种压缩编码(图 1-49)。

如果要针对网络平台输出流媒体格式,可以尝试输出为 WMV 格式的视频,在"格式"下拉列表中选择"Windows Media",会弹出"Windows Media"对话框。可以采用模板来进行输出,在"Preset"下拉列表中有多种输出模板。模板要根据最后的流媒体服务器速度来决定。质量较好的影片数据量也比较大,需要在速度和质量之间找到一个平衡点,可以用 Windows Media 输出高清的 WMV 视频,WMV 也是常用的输出格式,因为在 Windows 操作系统中,WMV 格式的文件基本上都可以进行播放。

我们还可以将合成输出为图片序列。因为很多时候,从 After Effects 输出的合成需要在其他剪辑软件中作为素材使用。输出为图片序列有两个好处,第一是兼容性比较好,第二是对视频的质量不会有太大的影响。当然,可以直接将 After Effects 的项目导入 Premiere

Pro 这样的剪辑软件中,但直接输出为图片序列是一个比较高效的方法。而如果直接输出成为视频,则要对视频进行压缩。一般情况下,在作品没有最终完成前,要尽量避免压缩,以保证影片的质量。

在"输出组建"对话框中的格式菜单中,我们选择带有"序列"的选项,都是可以输出图片序列的。After Effects 可以支持的图片序列非常广泛,除了常用的 JPEG、TGA、TIF 文件等,还提供了用于电影的 Cineon 格式、SGI 工作站上的 SGI 格式、Maya 的 IFF 格式、Softimage 的 PIC 格式等。一般情况下,最常用的是 TGA 格式,它具有可以输出 Alpha 通道的特性。选择 TGA 格式后会弹出"Targa 选项",如果希望输出带有 Alpha 通道的图像,勾选"32位 / 像素",注意勾上"RLE 压缩"选项(图 1-50)。

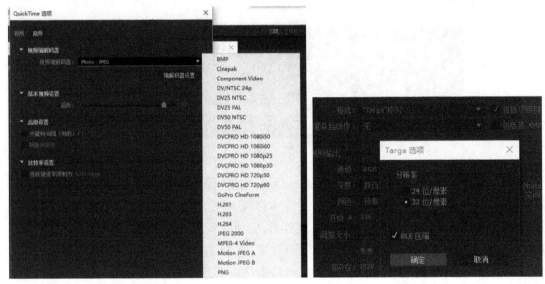

图 1-49   图 1-50

1.4   本章总结

(1)什么是合成?

(2)After Effects 的特点是什么?

(3)如何创建项目?

(4)如何导入和管理素材?

(5)如何创建和设置合成?

(6)如何设置关键帧动画?

(7)添加特效的方法是什么?

(8)如何渲染输出?

第 2 章　图层

2.1　图层概述

通过对第 1 章的学习可以发现，After Effects 对素材的编辑是基于图层来进行的，添加到合成中的所有项（如静态图像、动态图像、音频文件、其他合成等）都将成为图层。我们不仅可以导入带有图层的文件（例如 Photoshop 的 PSD 文件），也可以在合成中创建新的图层（例如创建纯色层），将多个图层进行叠加编辑得到最终的合成效果。由此可见，学会如何管理和使用图层对于合成工作是至关重要的。一般来说"时间轴"面板中图层的顺序与"合成"面板中堆栈顺序是对应的。

下面通过一个实例来学习有关图层的知识。

2.1.1　恢复默认设置

为了实现操作过程的一致性，首先要恢复 After Effects 程序的默认设置。启动 After Effects 时按下 Ctrl+Alt+Shift 键，系统询问是否删除首选项文件时，单击"确定"按钮（图 2-1）。选择菜单"文件—另存为—另存为"命令，弹出"另存为"对话框，导航至相关的保存路径，将项目命名为"戏剧人物 .aep"，然后单击"保存"按钮，完成对项目的重命名及保存。

2.1.2　导入素材

下面为新打开的项目导入素材。双击"项目"面板的空白处打开"导入文件"对话框。导航到"光盘 \ 第 2 章 \ 素材"文件夹下，选择"戏剧人物 .ai"文件，在"导入为"项下拉菜单中选择"合成"，即以合成方式导入素材，然后单击"导入"按钮（图 2-2）。

图 2-1

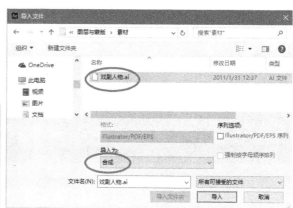

图 2-2

导入方式

当导入的文件包含多个图层时，在"导入文件"对话框中的"导入为"参数下有 3 种导入方式可选，分别为"素材""合成""合成 - 保持图层大小"（图 2-3）。

图 2-3

素材：以素材方式导入文件，文件中的所有图层将合并为一个图层或选择某一图层导入。

合成：将文件作为合成导入，合成中的层遮挡顺序与文件中相同。

合成 - 保持图层大小：与"合成"导入方式基本相同，只是"合成 - 保持图层大小"方式使每个图层的尺寸与该图层的内容相符，而"合成"方式使所有层的尺寸与文档大小相同。

在"项目"面板中显示已导入的素材合成，用鼠标双击"项目"面板中的"戏剧人物"合成，打开它（图 2-4）。此时在"合成"面板中出现图像，"时间轴"面板中显示各图层。下面对这个素材合成进行一些设置和调整。

由于 After Effects 默认建立合成为 30 秒，这个实例不需要这么长的时间。在"项目"面板中点选"戏剧人物"合成，选择菜单"合成—合成设置"（或按快捷键 Ctrl + K）打开"合成设置"对话框。将"持续时间"项设为 4 秒（图 2-5），然后单击"确定"按钮。

图 2-4

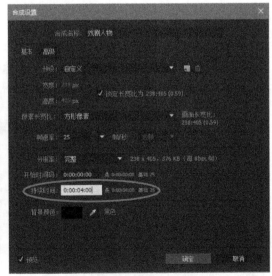

图 2-5

2.1.3 调整图层顺序

观察"合成"面板,发现人物素材的层叠关系有些问题,手杖没有被包裹在左手内,而是在手的外侧(图 2-6),需要调整。在"时间轴"面板中用鼠标按住"左手"图层,向上拖动至顶层,使"左手"图层位于"拐杖"图层之上,以挡住拐杖(图 2-7)。

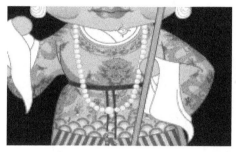

图 2-6

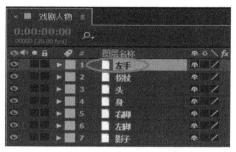

图 2-7

图层选择的快捷方式

选择连续的图层:按 Shift 键 + 单击鼠标左键。

选择不连续的图层:按 Ctrl 键 + 单击鼠标左键。

选择全部图层:按 Ctrl + A 键。

取消全部选择:按 F2 键。

选择上 / 下图层:按 Ctrl + 上 / 下箭头键。

选择特定图层:键入图层编号。

反选图层:右键单击图层,在上下文菜单中选择"反向选择"。

图层移动的快捷方式

上移一层:按 Ctrl+] 键。

下移一层:按 Ctrl+[键。

置于顶层:按 Ctrl+Shift+] 键。

置于底层:按 Ctrl+Shift+[键。

由于 After Effects 导入素材只是一种对素材的映射,因此在 After Effects 中对素材的修改不会对原始素材文件产生作用。本例中对素材图层顺序进行调整,也不会改变原始素材中的图层顺序。

2.1.4 设置动画

在开始对图层设置动画之前,还需要了解图层的基本变换属性和关键帧的设置。

图层的变换属性

　　在 After Effects 中,各种类型的图层都至少会有 5 个基本变换属性(音频层除外),分别为"锚点""位置""缩放""旋转"和"不透明度"。

　　每个图层名称前都会有一个三角形图标,单击它会展开该图层的"变换"属性,单击"变换"属性左边的三角形图标,就可以看到上面提到的 5 个基本属性(图 2-8)。

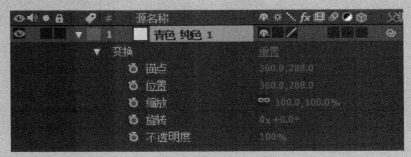

图 2-8

1. 锚点

　　"锚点"定义该层移动、旋转和缩放的坐标中心,以二维数组表示其坐标。可通过修改参数改变"锚点"位置,也可以选取工具栏中的"锚点"工具,然后在"合成"面板中直接拖动"锚点"到需要的位置(图 2-9)。默认情况下,"锚点"位于图层中心位置。

图 2-9

2. 位置

　　"位置"定义图层的当前位置,以二维数组表示其坐标。可以直接修改参数值,也可以使用选取工具在"合成"面板中直接拖动图层,按住 Shift 键拖动,则以水平或垂直方向移动。

3. 缩放

　　"缩放"以"锚点"为基准,定义图层的缩放大小,以二维数组表示。可以直接修改参数值,数组前的图标为锁定宽高比,单击该图标可取消宽高比锁定(图 2-10)。也可以使用选取工具在"合成"面板中直接拖动图层边缘进行缩放,按住 Shift 键同时拖动为等比缩放。

图 2-10

4. 旋转

"旋转"以"锚点"为基准,定义图层的旋转角度,以一维数组表示,左边为旋转圈数,右边为旋转角度。圈数值的改变,在做关键帧动画时才能看到效果。可直接修改参数值,也可以使用旋转工具  在图层的面板中直接拖动(图 2-11)。按住 Shift 键同时拖动"旋转"时每次增加 45°,按键盘上的"+"或"–"键一次则为顺时针或逆时针旋转 1°,按住 Shift 键和"+"或"–"键一次则为顺时针或逆时针旋转 10°

图 2-11

5. 不透明度

"不透明度"定义图层的不透明程度,以一维数组表示。当值为 0% 时图层完全透明,为 100% 时完全不透明,默认值为 100%。

基本属性的快捷键

在实际应用过程中,为提高效率,可以使用快捷键调用各属性。选择图层后使用表 2-1 中的快捷键可快速调用属性。

表 2-1　属性调用快捷键

属性名	快捷键
锚点	A
位置	P
缩放	S
旋转	R
不透明度	T

使用快捷键后将调用相应的属性,如要撤消调用的属性,再次按下相应快捷键即可。要想同时调用多个属性,可按住 Shift 键再按相应的快捷键。例如想同时调用层的"位置"和"缩放"属性,操作方法为:先选择图层按下 P 键调出"位置"属性,再按住 Shift 键同时按下 S 键调出"缩放"属性(图 2-12)。

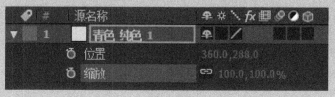

图 2-12

　　选择图层后按 1 次 U 键为调出所有已设置关键帧的属性,连续按 2 次 U 键为调出所有参数改变的属性。例如:对于某个层,曾修改过其"缩放"和"不透明度"属性值,当再次选择图层按 2 次 U 键后,将只调出"缩放"和"不透明度"属性(图 2-13)。

图 2-13

关键帧的编辑

在 After Effects 中创建动画,一般要通过关键帧来设置。关键帧是指在不同时间点对对象属性进行修改,而时间点间的变化由计算机来完成。

　　1. 创建关键帧

单击属性名称左侧的秒表图标🕑,便可在当前时间点创建一个关键帧(图 2-14)。在秒表激活的状态下,将时间跳转至其他时间点,修改属性参数值可添加新的关键帧。也可以通过跟踪、抖动等特殊命令产生随机的关键帧。

图 2-14

　　2. 删除关键帧

使用选取工具🔾在"时间轴"面板中点选或框选关键帧后(按住 Shift 键可选择多个关键帧),按 Delete 键删除所选关键帧。或再次单击属性名称左侧的秒表图标🕑,禁用该属性的关键帧,记录功能,同时删除该属性所有关键帧。

　　3. 修改关键帧

将"当前时间指示器"拖到关键帧所在的时间位置,修改属性参数即可。若"当前时间指示器"不在关键帧位置而修改属性参数,则产生新关键帧。

　　4. 定位关键帧

要想在"时间轴"面板中精确定位关键帧,可以使用以下方法。

(1)按住 Shift 键拖动"当前时间指示器",可吸附至邻近关键帧。

(2)单击关键帧导航按钮◀◆▶,可跳转至上一个或下一个关键帧(图 2-15)。

(3)使用快捷键 J 和 K,可跳转至上一个或下一个关键帧。

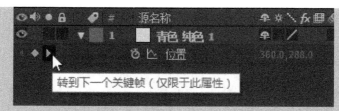

图 2-15

5. 移动关键帧

当需要对关键帧的时间位置进行调整,先将"当前时间指示器"移至目标时间点(可按快捷键 PgUp(向前)或 PgDn(向后)逐帧精确调整),然后按住 Shift 键拖动关键帧移动并吸附至"当前时间指示器"所在的位置。

6. 复制、剪切关键帧

对于关键帧的复制、剪切和粘贴操作,与 Office 办公软件中的基本相同。需要先选择待复制或剪切的关键帧,按快捷键 Ctrl+C(复制)/Ctrl+X(剪切),再将"当前时间指示器"移至目标位置,按快捷键 Ctrl+V(粘贴)。

(1)先为人物制作头部晃动效果。在设置"头"图层的旋转属性参数前,需要先定义该图层的"锚点",因为"锚点"是对象移动、旋转和缩放等设置的坐标中心,默认状态下"锚点"位于对象中心,为实现理想旋转效果需要调整它。单击工具栏中的"锚点"工具,在"合成"面板中用鼠标拖动"头"图层的"锚点"至人物的下巴处(图 2-16)。

(2)按 Home 键移动"当前时间指示器"至时间开始处,用鼠标选择"头"图层,按 R 键调出"旋转"属性。将参数设置为"0x -10.0°",按下"旋转"前的关键帧记录器图标 设置关键帧,在时间轴上会以菱形图标显示(图 2-17)。单击"时间轴"面板左上角的"当前时间",输入 12 并按回车键,将时间跳转至 12 帧处。设置"旋转"属性参数为"0x +10.0°",由于参数改变,系统会自动生成关键帧。

图 2-16

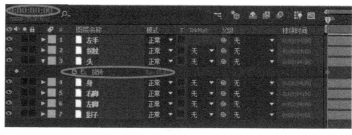

图 2-17

(3)再将时间跳转至 1 秒处,此时可以再次设置"旋转"属性参数生成关键帧。但由于此后的关键帧参数的变化与前两个关键帧相同,所以可以采用复制粘贴关键帧的方法以简化关键帧参数的设置。框选前两个关键帧,按 Ctrl+C 键复制,分别跳转至 1 秒、2 秒、3 秒、3 秒 24 帧处按 Ctrl+V 键粘贴关键帧(图 2-18)。至此完成人物头部晃动 4 秒的动画。

图 2-18

（4）接下来通过设置人物脚部"不透明度"属性参数的关键帧来实现人物迈步效果。先选择"右脚"图层，按 T 键激活该层的"不透明度"属性。按 Home 键将时间移至 0 帧处，按下"不透明度"前的关键帧记录器图标 ⏱ 设置关键帧，"不透明度"默认参数值为 100%。再将时间跳转至 10 帧处，设置"不透明度"值为 0%，生成第二个关键帧。下面用复制粘贴的方法生成后面的关键帧：先框选前两个关键帧，按 Ctrl+C 键复制关键帧，再分别跳转至 20 帧、1 秒 15 帧、2 秒 10 帧、3 秒 05 帧、3 秒 24 帧处按 Ctrl+V 键粘贴关键帧（图 2-19）。

图 2-19

（5）下面可以按刚才的方法设置"左脚"图层"不透明度"属性关键帧，关键帧时间位置与"右脚"图层相同，只是相应参数值正好相反，即"不透明度"值"右脚"图层为 100% 时，"左脚"图层为 0%，以实现左右脚交替显现的迈步效果。

当然也可以通过复制"右脚"图层的关键帧，粘贴在"左脚"图层上，以提高效率。具体操作如下：先框选"右脚"图层"不透明度"属性除第一关键帧以外的所有关键帧（图 2-20），按 Ctrl+C 键复制。

图 2-20

再选择"左脚"图层按 T 键调出"不透明度"属性，按 Home 键将时间移至 0 帧处，按下"不透明度"属性前的关键帧记录器图标 ⏱ 开始记录关键帧，按 Ctrl+V 键粘贴关键帧。接下来点选"右脚"图层"不透明度"属性第一个关键帧，按 Ctrl+C 键复制，再选择"左脚"图层

"不透明度"属性,按 End 键将时间定位到结尾处,按 Ctrl+V 键粘贴关键帧(图 2-21)。

图 2-21

(6)为人物制作由远及近的移动效果。按 Ctrl + N 键新建合成,参数设置如下(图 2-22)。

合成名称 : final

预设 :PAL D1/DV

持续时间 : 设为 4 秒

单击"确定"按钮,新创建并在"时间轴"面板打开一个名为"final"的合成。

将"项目"面板中的"戏剧人物"合成,拖入"时间轴"面板的"final"合成中(图 2-23)。在 After Effects 中一个合成是可以作为一个图层存在于另一个合成中的,同样具有普通图层所具有的属性。下面就通过设置该图层"缩放"属性的关键帧,实现由远及近的效果。

图 2-22

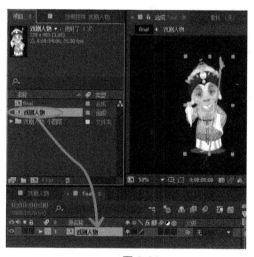

图 2-23

选择"戏剧人物"图层,按 S 键调出"缩放"属性,按 End 键将时间定位到结尾处,按下"缩放"属性名前的关键帧记录器图标 ⏱ 设置关键帧,默认值为"100.0,100.0%"。再按 Home 键将时间定位在 0 帧处,将"缩放"参数值设为"50.0,50.0%"(图 2-24)。

图 2-24

（7）按小键盘 0 键预览整个完成后的动画，按 Ctrl+S 键保存最终结果。

2.2 图层管理

在使用 After Effects 过程中，常常会应用到大量图层，为了便于操作，要对图层进行管理。这种管理除了上一节提到的图层的选择和移动以外，还包括重命名图层、复制图层、剪切图层、设置图层颜色、显示与隐藏图层等。下面通过实例来说明图层管理的应用。

2.2.1 恢复默认设置

为了操作过程一致，首先要恢复 After Effects 程序的默认设置。启动 After Effects 时按下 Ctrl+Alt+Shift 键，系统询问是否删除首选项文件时，单击"确定"按钮（图 2-25）。选择菜单"文件—另存为—另存为"命令，弹出"另存为"对话框，导航至相关保存路径，将项目命名为"鬼妈妈 .aep"，然后单击"保存"按钮，完成对项目的重命名及保存。

2.2.2 导入素材

下面为新打开的项目导入素材。双击"项目"面板的空白处打开"导入文件"对话框。导航到"光盘\第 2 章\素材"文件夹下，选择"鬼妈妈""cat""coraline"3 个文件，在"导入为"项下拉菜单中选择"合成 - 保持图层大小"，然后单击"导入"按钮（图 2-26）。

双击"项目"面板中的"鬼妈妈"合成，打开它。按 Ctrl+K 键打开"合成设置"对话框。将"持续时间"项设为 10 秒，然后单击"OK"按钮确定。

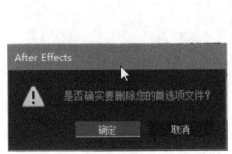

图 2-25

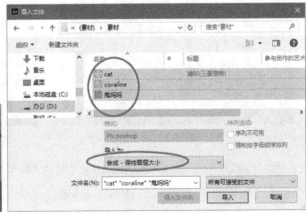

图 2-26

2.2.3 重命名图层

"鬼妈妈"合成中一共有 9 个图层，都以英文命名，为便于识别可将其改为中文名。在"时间轴"面板中点选"back"图层，按回车键激活编辑状态，输入"背景"再按回车键完成重命名。以同样的方法将所有图层的英文名改为中文名（图 2-27）。

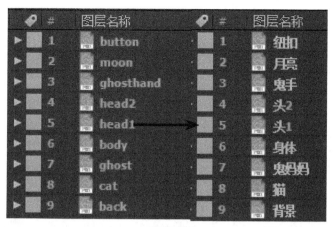

图 2-27

重命名图层

在编辑过程中为便于区分和标记图层,需要对图层重命名。在"时间轴"面板中点选待命名的图层,按回车键使图层名称处于编辑状态,输入新名称再按回车键,完成重命名(图 2-28)。

在 After Effects 中对图层的重命名并不会改变原始素材的名称,要想查看原始素材名称,可用鼠标右键单击图层名称上方的栏目名称"图层名称",将切换至"源名称"显示原始素材名,反复单击可在两种显示方式间进行切换(图 2-29)。

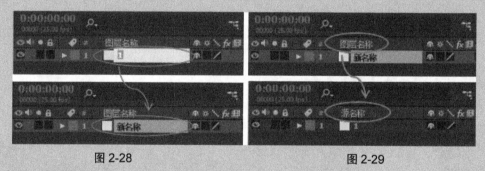

图 2-28　　　　　　　　　　　　　　　　图 2-29

复制、剪切图层

对图层的复制,可以对选定的图层使用快捷键 Ctrl + D,复制的内容包括原图层的所有属性(关键帧和特效等)。

在不同合成间复制图层可以使用快捷键 Ctrl + C 进行复制,使用快捷键 Ctrl + V 进行粘贴,剪切的快捷键为 Ctrl + X。

如果原图层名称没有改变过,新复制的图层将与原图层同名。若图层已被重命名,则复制的图层名称中会增加一个递增编号(图 2-30)。

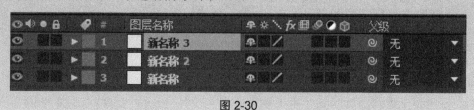

图 2-30

2.2.4　设置图层颜色

单击"背景"图层序号前的彩色方块,在弹出的上下文菜单中选择"深绿色"(颜色任意,只要与其他图层区别开就行)。按同样方法修改其余图层颜色(图 2-31)。

图 2-31

设置图层颜色

在"时间轴"面板中,为了区分不同的图层,可以为图层设置不同的颜色。方法是用鼠标左键单击图层序号前的彩色方块,在弹出的菜单中选择需要的颜色(图 2-32)。其中"选择标签组"项功能为选择所有与当前层颜色相同的层。

若默认的几种颜色不能满足需要时,可选择菜单"编辑—首选项—标签"命令,自定义新的颜色(图 2-33)。

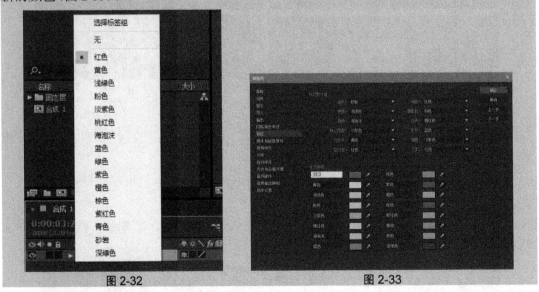

图 2-32　　　　　　　　　　　　　　　　　图 2-33

2.2.5　显示与隐藏图层

显示与隐藏图层的方法如下。

(1)首先制作猫的出场动画。由于场景中元素较多,为了便于观察,需要单独显示待编辑图层。单击"背景"图层和"猫"图层的"独奏"开关 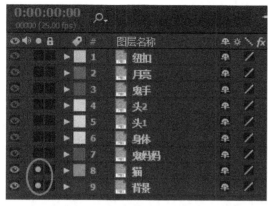（图 2-34），"合成"面板中将会只显示这两层，而屏蔽其他图层元素（图 2-35）。

图 2-34

图 2-35

显示与隐藏图层

在编辑过程中为了便于观察，经常要对图层的显示进行设置，方法有以下 3 种。

1."视频"开关 ：默认为开启状态，单击之后图标消失，该层的图像也在"合成"面板中消失。再次单击，图标出现，图像也在"合成"面板中显示（图 2-36）。

图 2-36

2."独奏"开关 ：默认为关闭状态，单击之后图标出现，"合成"面板中将只显示该图层的图像，而其他图层被隐藏（摄像机层和灯光层不会被隐藏）。再次单击，图标消失，所有图层显示恢复正常（图 2-37）。

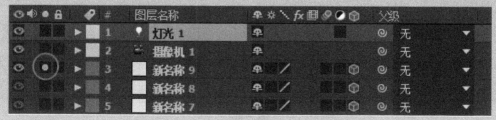

图 2-37

3.“隐藏”开关■：默认为不隐藏状态，单击之后图标变为■（图2-38），但此时图层并没有隐藏。需要再单击“时间轴”面板上方的隐藏总开关图标■（图2-39），才能在“时间轴”面板中隐藏该层。但该层在“合成”面板中的图像将仍然显示。

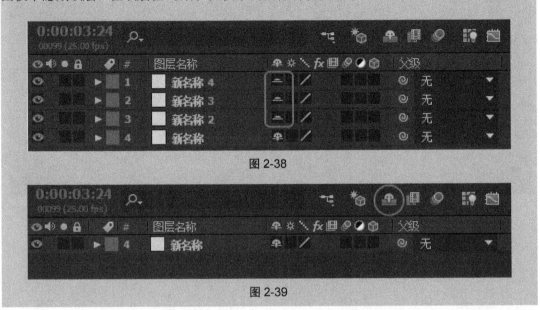

图 2-38

图 2-39

（2）点选“猫”图层，按P键调出“位置”属性。单击“时间轴”面板中左上角的“当前时间”，将时间跳转至1秒14帧处。按下“位置”属性前的关键帧记录器图标■设置关键帧。再将时间跳转至1秒07帧处，在“合成”面板中，用鼠标左键拖住“猫”，同时按住Shift键向右拖出场景，生成另一关键帧（图2-40）。

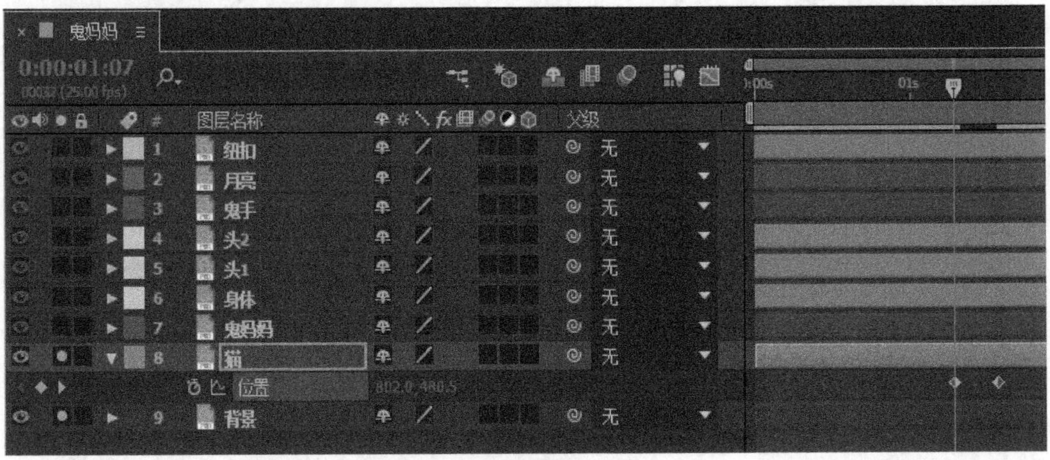

图 2-40

（3）接下来制作coraline出场动画，按住Shift键，点选“身体”和“头1”图层，单击它们的“独奏”开关■显示这两层，按P键同时调出两层的“位置”属性，将时间跳转至2秒16帧处，按下关键帧记录器图标■设置关键帧。再将时间跳转至2秒05帧处，在同时选择“身体"和"头 1"图层的前提下,按住这两层任意层的"位置"属性的 X 轴坐标向左拖动,直到"合成"面板中的人物移出画面,以生成另一关键帧(图 2-41)。

图 2-41

2.3　缓动关键帧

接下来制作的效果是扣子遮住月亮。

(1)先点选"纽扣"和"月亮"图层的"独奏"开关 ,显示这两层。

(2)点选"纽扣"图层,按 P 键调出"位置"属性。将时间跳转至 6 秒处,按下其关键帧记录器图标 设置关键帧。再将时间跳转至 3 秒处,在"合成"面板中,用鼠标左键拖住"纽扣"向右下方拖出月亮的范围即可(图 2-42),生成另一关键帧。

(3)框选"纽扣"图层的这两个关键帧按 F9 键,生成缓动效果(图 2-43)。

图 2-42

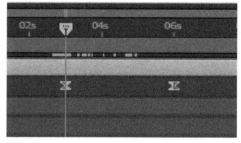

图 2-43

缓动关键帧

在设置动画时,经常要对关键帧进行加速或减速等变速操作,这就需要设置关键帧的缓动,以改变运动速度。

快速产生加速或减速效果的方法是:用鼠标右键单击关键帧,在弹出的上下文菜单中选择"关键帧辅助—缓入 / 缓出 / 缓动"(图 2-44)。

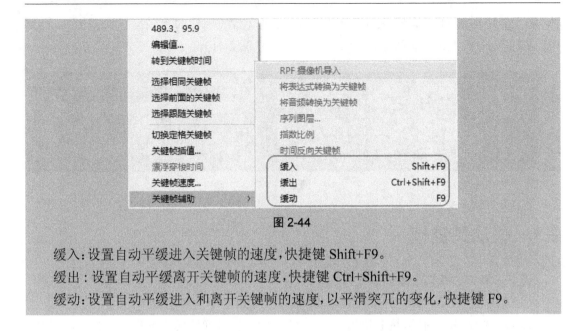

图 2-44

缓入：设置自动平缓进入关键帧的速度，快捷键 Shift+F9。

缓出：设置自动平缓离开关键帧的速度，快捷键 Ctrl+Shift+F9。

缓动：设置自动平缓进入和离开关键帧的速度，以平滑突兀的变化，快捷键 F9。

2.4　轨道遮罩

我们希望的效果是扣子在遮挡月亮前并不显现，类似于自然界的月食效果，所以需要为"纽扣"图层添加轨道遮罩。点选"月亮"图层，按 Ctrl+D 键复制一个"月亮 2"图层，拖动该层至"纽扣"图层之上，按主键盘的回车键将层名称改为"月亮遮罩"。单击"纽扣"图层的"轨道遮罩"项的下拉菜单，选择"亮度遮罩'月亮遮罩'"项（图 2-45）。

若在"时间轴"面板上方无法找到"轨道遮罩"项，需要单击"时间轴"面板下方的"切换开关／模式"按钮 切换开关/模式 ，或者按 F4 键，将"轨道遮罩"项调出（图 2-45）。

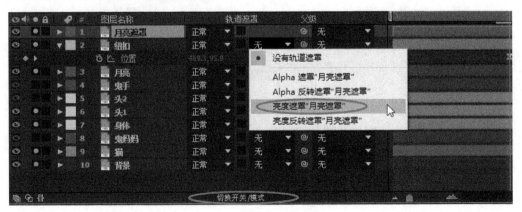

图 2-45

轨道遮罩的使用

轨道遮罩能够使用图层的 Alpha 信息或亮度信息作为另一图层的透明度信息。任何素材片段或静止图像都可以作为轨道遮罩。当被定义为轨道遮罩时,系统会自动将其"视频"开关关闭,但仍可对该层进行位移、缩放或旋转等操作。一个要显示的图层只能对应一个轨道遮罩,一个轨道遮罩也只能作为一个图层的选区。

要设置轨道遮罩,需在"时间轴"面板中将含有透明数据的图层置于要显示的目标图层的上方。在"时间轴"面板下方单击"切换开关／模式"按钮 切换开关/模式 ,将开关面板切换至层模式。再从轨道遮罩下拉列表的 5 个选项中选择一种屏蔽方式(图 2-46)。各种方式含义如下。

没有轨道遮罩:不使用轨道遮罩,不产生透明度。

Alpha 遮罩:使用遮罩层的 Alpha 通道,当 Alpha 通道像素值为 100% 时为不透明。

Alpha 反转遮罩:使用遮罩层的反转 Alpha 通道,当 Alpha 通道像素值为 0% 时为不透明。

亮度遮罩:使用遮罩层的亮度值,当像素亮度值为 100% 时不透明。

亮度反转遮罩:使用遮罩层的反转亮度值,当像素亮度值为 0% 时不透明。

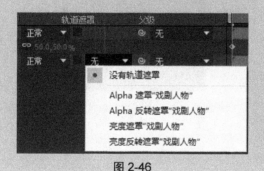

图 2-46

2.5 填色效果

为了模仿月食效果,需要将扣子变为暗色。点选"纽扣"图层,选择菜单"效果—生成—填充"。在"效果控件"面板中单击"颜色"项右侧的色块,在出现的"颜色"对话框中输入颜色为"#09180F",单击"确定"按钮(图 2-47)。

图 2-47

　　为图层添加特效，也可以从程序界面右侧的"特效与预设"面板中输入特效名进行查找，再将查到的特效拖到待使用的图层以应用（图 2-48）。

图 2-48

2.6　图层样式

　　下面为月亮添加一点辉光效果。用鼠标右键单击"月亮"图层，在弹出的上下文菜单中选择"图层样式—外发光"（图 2-49）。在"时间轴"面板展开"月亮"图层的属性"图层样式—外发光"，将"大小"项设为 10.0，"范围"项设为 100.0%（图 2-50）。

图 2-49

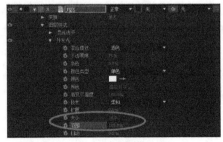

图 2-50

　　为图层添加发光效果也可以使用特效。选中图层后调用菜单"效果—风格化—发光"。

图层样式的使用

在 After Effects 中有一个类似于 Photoshop 中的"混合选项"命令的功能,那就是"图层样式"。通过它可以方便地为图层添加阴影、辉光、浮雕、描边等多种特效。

点选需要添加图层样式的图层,选择菜单"图层—图层样式",出现图层样式菜单(图 2-51)。当为图层应用图层样式后,在"时间轴"面板中该层会新增一个"图层样式"属性,展开后又分成两项,一项是"混合选项",包括全局照明角度、高度、颜色的调整等;第二项是所调用的样式及调整参数(图 2-52),可以为一个图层添加多个样式。

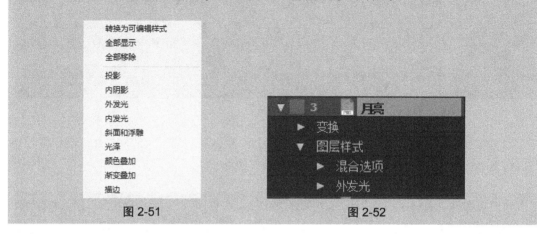

图 2-51　　　　　　　　　　　　　　图 2-52

2.7　图层剪辑与音频

图层剪辑与音频设置方法如下。

(1)接下来制作鬼妈妈出场动画。按住 Ctrl 键,点选"鬼妈妈"和"鬼手"图层,打开它们的"独奏"开关显示这两层,按 T 键同时调出两层的"不透明度"属性,将时间跳转至 7 秒帧处,按下关键帧记录器图标设置关键帧。再将时间跳转至 5 秒处,将"不透明度"属性参数设为 0%。

(2)鬼妈妈出场后,coraline 的面目表情应该有所变化,需要使用"头 2"图层。首先点选取消所有图层的"独奏"开关,显示所有层。将时间跳转至 7 秒处,即鬼妈妈完全显现的时间,确认点选"头 2"图层,按快捷键 Alt + [,将"头 2"图层 7 秒前的部分裁切掉(图 2-53)。

图 2-53

剪辑图层的入点：按 Alt + [键。剪辑图层的出点：按 Alt +] 键。

（3）在"项目"窗口中选择 cat 和 coraline 两个声音文件并拖至"时间轴"面板"猫"图层下。点选"猫"图层，按 U 键调出关键帧。在时间轴上，按住 Shift 键同时按住"[cat.wma]"层向右拖动，移动并吸附至"猫"图层第一个关键帧处（图 2-54），即当猫开始移入画面时发出叫声。

图 2-54

（4）按小键盘 0 键预览时发现猫叫声有些大，需进行调整。展开"[cat.wma]"图层的"音频"属性，将"音频电平"项参数设为 -10.00dB（图 2-55）。

图 2-55

声音图层

声音图层不同于其他图层，没有变换属性，只有音频属性，其下包括"音频电平"项可调节音频大小，负值为降低音量，正值为提高音量，并可设关键帧。"波形"项可查看波形。

（5）按小键盘 0 键预览整个完成后的动画，按 Ctrl+S 键保存最终结果。

2.8 图层混合模式

在上一个实例中，为了实现月食效果使用了"轨道遮罩"，不知道你有没有注意到在"轨道遮罩"项左侧有一个"模式"项，这就是接下来要介绍的图层混合模式。

图层混合模式用于控制图层与其下面的图层混合或交互的方式。它会提取出所在图层图像的一些特征，将它们与其下层图像的一些特征进行混合，从而得到一个全新的图像效果，而且渲染速度也非常快。当要将多个图像结合创造出一个全新的图像时，图层混合模式是最简单快捷的工具。

为简要说明图层混合模式，下面会使用两个图层——"云"和"烟囱"（可以在"光盘 \ 第

2 章\素材"文件夹下找到素材),并且总在上面的"云"图层使用混合模式 (图 2-56、图 2-57)。

图 2-56

图 2-57

如果无法在"时间轴"面板中找到"模式"项,可以按 F4 键在图层的开关与模式间进行切换。每个图层的默认模式是"正常",也就是图层间不混合,上层遮挡下层。而当单击图层"模式"项的下拉菜单后,会显示多达 38 种的混合模式 (图 2-58),面对如此之多的选项该如何选择呢?

一般的做法是,尝试不同的模式,并在"合成"面板中观察,直到找到满意的效果。这里有一个秘诀,可以大大提高切换模式的速度,那就是在点选图层后使用快捷键:Shift +"="键和 Shift +"–"键,将在不同的混合模式间进行切换。如果发现快捷键不起作用,那很可能是因为开启了中文输入法的缘故,特别是在 Win10 中文版中,默认开启中文输入法的,需要将它切换为英文输入法。

虽然可以通过快捷方式在不同混合模式间进行快速切换,但如果你能够了解每种模式的大体效果,将有助于轻松实现所需的效果。尽管每个图层的混合模式有 38 种之多,但 After Effects 将它们分为 6 大类以便于区别。它们分别为:加暗模式、加亮模式、光线模式、减法 / 除法模式、属性替换模式和透明模式。下面就分别对这些模式进行说明。

2.8.1　加暗模式

加暗模式中的 6 个选项将使图像出现不同程度的变暗效果 (图 2-59),如果图层为纯白色,将直接显示下面的图层。如果图层为纯黑色,则显示为黑色。

(1) 变暗:此项比较上下图层红绿蓝 3 个通道的颜色值,使用像素值更暗的显示 (图 2-60)。

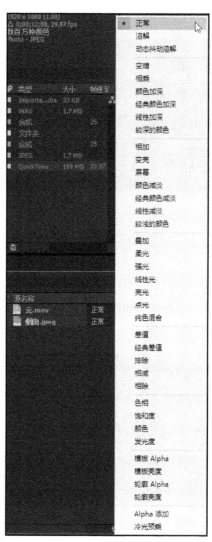

图 2-58

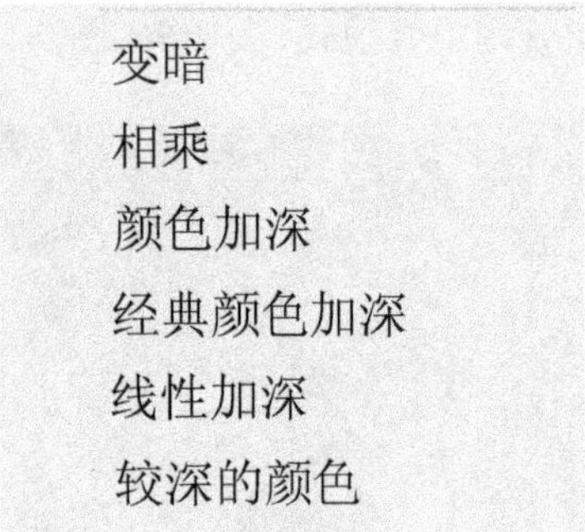

变暗

相乘

颜色加深

经典颜色加深

线性加深

较深的颜色

图 2-59

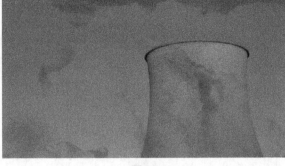

图 2-60

（2）相乘：此项利用上层的颜色信息，对下层颜色进行叠加处理，将产生较暗的图像，直至全黑（图 2-61）。

（3）颜色加深：此项与"相乘"模式相似，在效果上增加了饱和度与对比度，使颜色更加艳丽（图 2-62）。

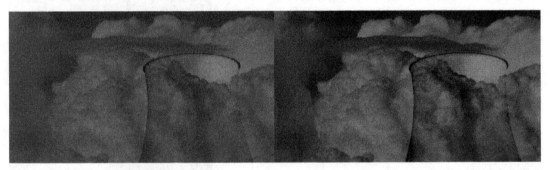

图 2-61   图 2-62

（4）经典颜色加深：此项与"颜色加深"基本相同，为保持与早期项目的兼容性而使用。

（5）线性加深：此项使用上层的颜色信息来减少下层的亮度，将产生比"颜色加深"更暗的效果（图 2-63）。

（6）较深的颜色：此项与"变暗"模式相似，将上层的总体颜色值较深的信息留下，与下层叠加（图 2-64）。

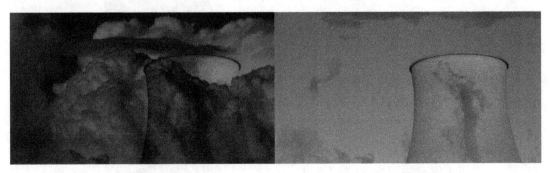

图 2-63   图 2-64

2.8.2　加亮模式

如图 2-65 菜单内容所示,加亮模式有 7 种,将使图像变亮,如果一个图层为纯白色,将显示为白色。如果图层为纯黑色,则直接显示下面图层。

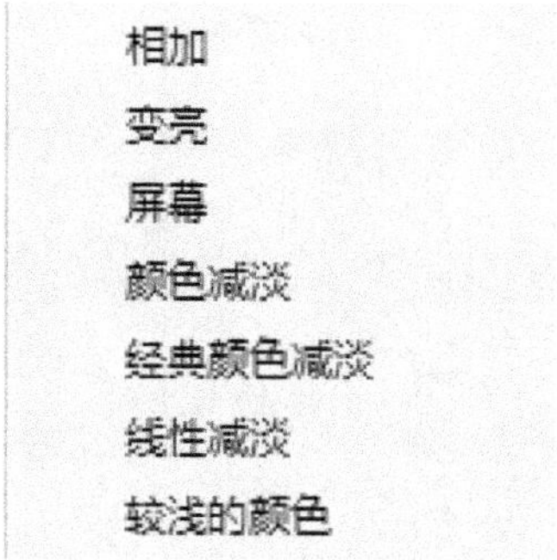

相加

变亮

屏幕

颜色减淡

经典颜色减淡

线性减淡

较浅的颜色

图 2-65

（1）相加:此项将上层的颜色值添加到下层,得到非常亮的图像(图 2-66)。

（2）变亮:此项与"变暗"模式相反,比较两图层颜色值,选择红绿蓝 3 个通道的最高值显示(图 2-67)。

图 2-66　　　　　　　　　　　　　图 2-67

（3）屏幕:与"相乘"模式相反,在下层颜色值的基础上,对上层颜色值缩放,得到较亮图像。它可以看作是"相加"模式的低亮度版本,不易产生过曝效果,使用广泛(图 2-68)。

（4）颜色减淡:此项与"颜色加深"相反,在上层颜色值的基础上,通过增加对比度,按比例增加下层亮度(图 2-69)。

图 2-68　　　　　　　　　　　　　图 2-69

（5）经典颜色减淡:此项与"颜色减淡"基本相同,为保持与早期项目的兼容性时可使用。

（6）线性减淡:此项通过图层每个通道的颜色信息,来增加下层亮度。当应用图层为 100% 不透明时,效果与"相加"模式相同,降低图层不透明度之后,效果发生变化(图 2-70)。

（7）较浅的颜色:此项与"较深的颜色"模式相反,比较两图层颜色值,选择最高的总体颜色值显示（图 2-71）。

图 2-70

图 2-71

2.8.3 光线模式

光线模式有 7 种，模拟不同光线照射的效果（图 2-72），可加强图像的对比度与饱和度，应用图层为 50% 灰度时，没有效果。

（1）叠加：使用此项，上层图像大于 50% 亮度的部分使下层图像变亮，并趋于白色。上层图像小于 50% 亮度的部分使下层图像变暗，并趋于黑色，增加图像对比度与饱和度（图 2-73）。

（2）柔光：此项原理与"叠加"模式相似，只是减少了最终效果的饱和度，不会产生纯黑纯白，可以看作是"叠加"模式的柔和版，结果类似于漫射聚光灯照在基础图层上（图 2-74）。

（3）强光：此项原理与"叠加"模式相似，可以看作是加亮版的"叠加"模式，结果类似于聚光灯照在图像上（图 2-75）。

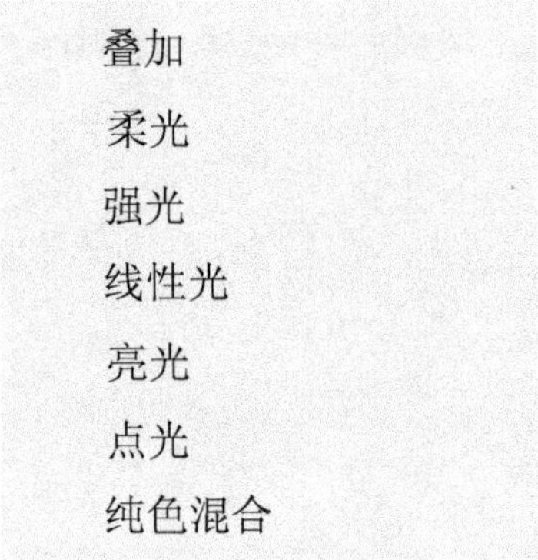

叠加

柔光

强光

线性光

亮光

点光

纯色混合

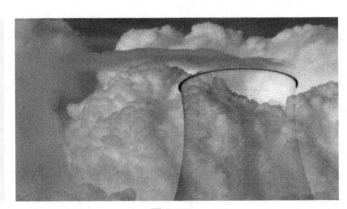

图 2-72

图 2-73

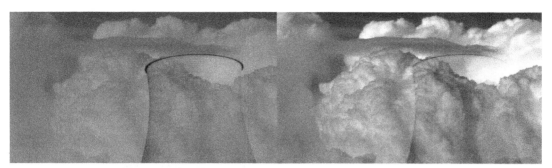

图 2-74   图 2-75

（4）线性光：此项原理同上，可以看作是增强版的"强光"模式（图 2-76）。

（5）亮光：此项是所有光线模式中对比度最强的，上层图像大于 50% 亮度的部分使下层图像降低对比度并且变亮，上层图像小于 50% 亮度的部分使下层图像提高对比度并且变暗（图 2-77）。

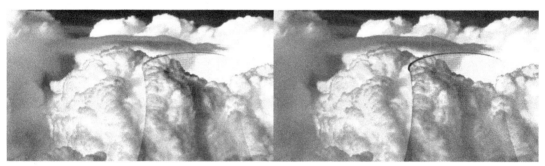

图 2-76   图 2-77

（6）点光：使用此项，如果上层像素亮度大于 50%，比这个像素暗的下层像素被替代，亮的像素不变。如果上层像素亮度小于 50%，比这个像素亮的下层像素被替代，暗的像素不变（图 2-78）。

（7）纯色混合：此项用上层的亮度与下层的颜色混合，产生由 8 种颜色，即红、绿、蓝、品、黄、青、黑、白组成的色彩锐化效果（图 2-79）。

图 2-78   图 2-79

2.8.4　减法 / 除法模式

减法 / 除法模式将上下图层像素的颜色值进行减法或除法操作,一共有 5 种(图 2-80)。

(1)差值:此项对比两个图层每个颜色通道,用浅色值减去深色值,得到一种迷幻效果。当一个图层为纯白时,结果生成反转片。当一个图层为纯黑时,不会生成任何变化(因为黑色值为 0)(图 2-81)。

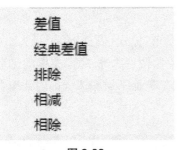

图 2-80

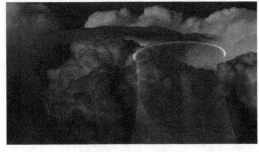

图 2-81

(2)经典差值:此项与"差值"基本相同,为保持与早期项目的兼容性而使用。

(3)排除:此项与"差值"模式相似,就是降低了对比度与饱和度,让图像变灰(图 2-82)。

(4)相减:此项从下层减去上层的颜色值,如果上层较亮,结果变暗。当上层为纯白时,结果变为黑色。当上层为纯黑时,不会生成任何变化。(图 2-83)。

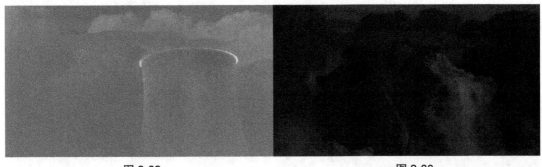

图 2-82

图 2-83

(5)相除:此项用下层除以上层的颜色值。因为颜色值的范围是 0(黑)~1(白),只要除以低于 1 的值都会使结果变亮。当上层为纯白时,不会生成任何变化(因为白色值为 1)。当上层为纯黑时,结果变为白色(图 2-84)。

2.8.5　属性替换模式

属性替换模式中,使用上层图像的一个或两个颜色属性(亮度、色相、饱和度),替代下层的同一属性,混合生成新的图像,一共有 4 种(图 2-85)。

（1）色相：此项用上层的色相与下层的亮度和饱和度进行混合（图 2-86）。

（2）饱和度：此项用上层的饱和度与下层的亮度和色相进行混合（图 2-87）。

图 2-84

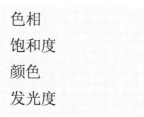

图 2-85

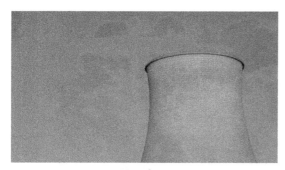

图 2-86

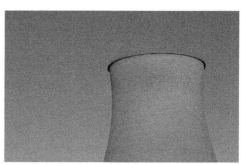

图 2-87

（3）颜色：此项用上层的色相和饱和度与下层的亮度进行混合。该模式常用于为图层上色，例如为一个纯色层应用"颜色"模式，其下的图层将被着上纯色层的颜色（图 2-88）。

（4）发光度：此项与"颜色"模式相反，用上层的亮度与下层的色相和饱和度进行混合（图 2-89）。

图 2-88

图 2-89

2.8.6　透明模式

"透明模式"是通过改变图像的不透明度或 Alpha 值来实现的混合模式,包括 8 种（图 2-90）。

　　溶解
　　动态抖动溶解

　　模板 Alpha
　　模板亮度
　　轮廓 Alpha
　　轮廓亮度

　　Alpha 添加
　　冷光预乘

图 2-90

（1）溶解:此项当上层不透明度为 100% 时没有任何变化,随着不透明度值的降低,上下层不同像素随机替换,产生颜料飞溅的效果,当不透明度为 0% 时完全显示下层图像（图 2-91、图 2-92）。

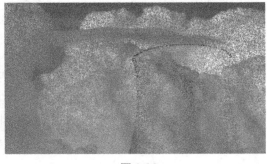

图 2-91　　　　　　　　　　　　　　　　图 2-92

（2）动态抖动溶解:此项可以看作是"溶解"模式的动态版,会为每一帧重新计算概率函数,像素的透明值会随时间的变化而改变,形成动态溶解效果。

（3）模板 Alpha:此项将上层的 Alpha 当做下层的 Alpha。

（4）模板亮度:此项将上层的白色亮度设为透明,黑色设为不透明,灰色设为半透明（图 2-93）。

（5）轮廓 Alpha:此项是"模板 Alpha"的反转效果。

（6）轮廓亮度:此项是"模板亮度"的反转效果（图 2-94）。

我们可能会发现"模板 Alpha""轮廓 Alpha""模板亮度""轮廓亮度"这 4 种混合模式与"轨道遮罩"的功能似乎完全相同。不同的是,"轨道遮罩"只会影响一个图层,而上面提到的这 4 种混合模式可以影响其下的所有图层。

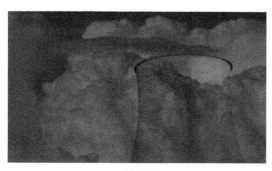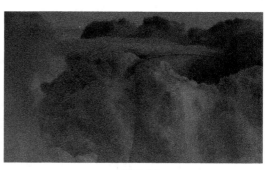

| 图 2-93 | 图 2-94 |

（7）Alpha 添加：上下层的 Alpha 通道共同建立透明区域，此项用于填补 Alpha 通道边缘的缝隙。

（8）冷光预乘：此项用于处理一些有边缘问题的带预乘 Alpha 通道的素材，如边缘过亮的光效。

2.9　本章复习

（1）导入素材的方式有什么？

（2）图层的变换属性有几种？每个属性的快捷键是什么？

（3）关键帧的编辑方法是什么？

（4）图层管理包括什么？

（5）如何设置轨道遮罩？

（6）什么是图层样式？

（7）简述图层的混合模式。

第 3 章　蒙版

当进行合成的时候，并不总是需要显示素材的全部，有的时候可能需要只显示某些素材图像的一部分画面，这就需要使用"蒙版"，将不想看到的部分屏蔽掉。我们可以通过多种方式创建蒙版，并通过调整锚点或修改蒙版属性的相关参数来实现蒙版动画。还可以为一个图层创建多个蒙版，通过设置不同的混合模式来实现丰富的效果。

3.1　创建蒙版

可以在"合成"面板或"图层"面板中创建和编辑蒙版，两种方法各有优点。在"合成"面板中绘制蒙版非常方便，可以直观地看到操作结果。而在"图层"面板中绘制蒙版将只显示当前图层，可以避免其他图层的干扰。也可以将两者结合使用，即同时打开"合成"面板与"图层"面板，在"图层"面板中编辑蒙版，在"合成"面板中查看效果。下面就通过一个实例来学习如何创建与编辑蒙版。

3.1.1　恢复默认设置

为了实现操作过程的一致性，首先要恢复 After Effects 程序的默认设置。启动 After Effects 时按下 Ctrl+Alt+Shift 键，系统询问是否删除首选项文件时，单击"确定"按钮（图 3-1）。选择菜单"文件—另存为—另存为"命令，弹出"另存为"对话框，导航至相关保存路径，将项目命名为"wall-e.aep"，然后单击"保存"按钮，完成对项目的重命名及保存。

3.1.2　导入素材

下面为新打开的项目导入素材。双击"项目"面板的空白处打开"导入文件"对话框。导航到"光盘 \ 第 3 章 \ 素材"文件夹下，选择"space.jpg"和"wall-e.bmp"文件，然后单击"导入"按钮（图 3-2）。

图 3-1

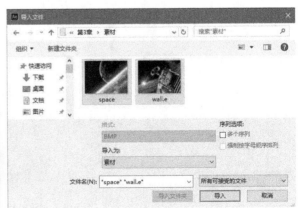

图 3-2

3.1.3　新建合成

新建合成的操作如下。

（1）按快捷键 Ctrl＋N 新建合成,在弹出的"合成设置"对话框中,将"合成名称"设为"wall-e","预设"设为"PAL D1/DV","持续时间"设为"05:00",单击"确定"按钮（图 3-3）,在"时间轴"面板打开新建合成。

（2）将"项目"面板中的"space"素材拖动到"时间轴"面板中的"wall-e"合成中,按快捷键 Ctrl＋Alt＋F,将素材缩放到合成文件的尺寸大小（图 3-4）。

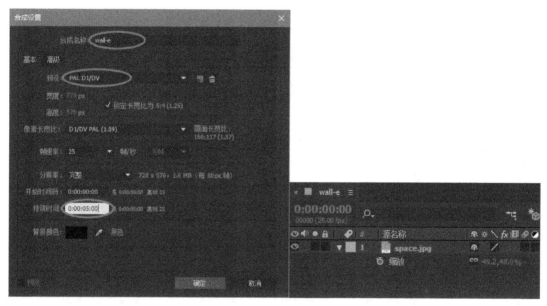

图 3-3　　　　　　　　　　　　　　　　图 3-4

（3）将"项目"面板中的"wall.e"素材拖动到"时间轴"面板中的"space"层上方。点选"wall.e"层,按 S 键调出"缩放"属性,适当放大素材（参考值 132.0, 132.0%）（图 3-5）。在"合成"面板中将"wall.e"素材拖到右下角处（图 3-6）。

图 3-5

图 3-6

3.1.4　绘制蒙版

下面通过为"wall.e"层绘制蒙版，将图片中不需要的部分遮挡，并与下面的背景图层完美融合。

在"时间轴"面板中用鼠标左键双击"wall.e"层，自动打开"图层"面板，并在"图层"面板中单独显示"wall.e"层，我们将在这里绘制蒙版。为在绘制蒙版的过程中同时可以看到最终的合成效果，拖动"合成"面板的标签至"图层"面板的左侧释放（图 3-7），将同时显示"合成"面板与"图层"面板（图 3-8）。

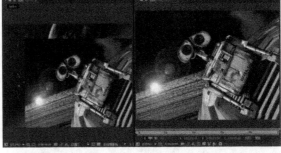

图 3-7　　　　　　　　　　　　　　　　　　　　图 3-8

按 G 键调用钢笔工具，在"图层"面板中按机器人的轮廓绘制一个封闭的蒙版（图 3-9）。

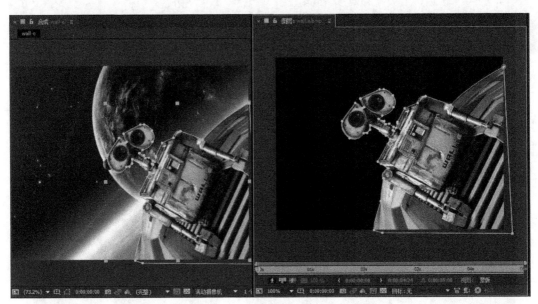

图 3-9

创建蒙版的方法

在"合成"面板中绘制蒙版前,需要先在"时间轴"面板中选择相应的图层,否则 After Effects 会自动建立形状图层(图 3-10)。

创建蒙版的方法有很多,主要有以下几种。

1)使用形状工具创建规则蒙版

在工具栏中选择形状工具组█,按住形状工具可展开形状工具组,共有 5 个形状工具可选,分别是矩形、圆角矩形、椭圆形、多边形和星形,点选需要的形状工具,或者反复按 Q 键在 5 个形状工具间切换(图 3-11)。

图 3-10

图 3-11

激活"时间轴"面板中相应图层后,使用鼠标在"合成"面板中拖拽以绘制规则蒙版,产生抠像效果(图 3-12、图 3-13)。按住 Shift 键绘制蒙版,可产生等比图形,如正方、正圆等,前提是需要将合成的像素宽高比设为"方形像素"。按住 Ctrl 键绘制,可从中心创建蒙版。双击工具栏中的矩形、圆角矩形或椭圆形等工具,沿图层的边切线建立蒙版。在建立多边形和星形蒙版时,拖动鼠标可旋转蒙版图形,释放鼠标前滚动鼠标滚轮可以增加或减少蒙版图形的边数或角数(图 3-14、图 3-15)。

图 3-12

图 3-13

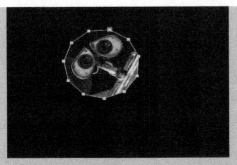
图 3-14

图 3-15

2）使用钢笔工具绘制自由形状的蒙版

在 After Effects 中经常用到钢笔工具来创建任何形状的复杂蒙版。同使用形状工具创建规则蒙版不同，钢笔工具既可以创建封闭的蒙版用于抠像，又可以绘制开放的线段用于其他特效。

在工具栏中选择钢笔工具组 ，按住钢笔工具可展开钢笔工具组，共有 5 个工具可选（图 3-16），分别是钢笔工具、添加"顶点"工具、删除"顶点"工具、转换"顶点"工具和蒙版羽化工具。

通过以上工具我们可以在绘制蒙版过程中任意添加、删除、转换控制点，并配合控制手柄绘制复杂蒙版。

在使用钢笔工具绘制蒙版时，可直接建立曲线路径，以减少路径上的控制点，从而减少后面对控制点的修改。在"合成"面板中单击产生的控制点，按住鼠标拖动，产生两个控制手柄，调整手柄的长短及角度以绘制出需要的曲线（图 3-17）。

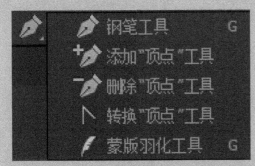
图 3-16

图 3-17

在绘制蒙版过程中可使用一些快捷键进行辅助绘制。

（1）按住 Alt 键并滚动鼠标滚轮为放大、缩小鼠标指针所指位置图像。

（2）在产生控制点后，按住 Shift 键拖动鼠标可使控制点的方向线以水平、垂直或 45°角旋转。

（3）按住 Alt 键拖动鼠标则只会对当前手柄有效，而另一个手柄不发生改变。

3）输入数据创建蒙版

在 After Effects 中可以通过输入数据建立规则形状的蒙版。点选需要绘制蒙版的图层，选择菜单"图层—蒙版—新建蒙版"或者按 Ctrl + Shift + N 键，系统自动沿当前层边缘建立一个矩形蒙版。再选择菜单"图层—蒙版形状"或者按 Ctrl + Shift + M 键，打开"蒙版形状"对话框（图 3-18）。在"定界框"项中可输入蒙版的范围参数，并可设置单位。在"形状"项中可选择蒙版形状，包括矩形和椭圆，单击"确定"按钮，完成蒙版的创建。

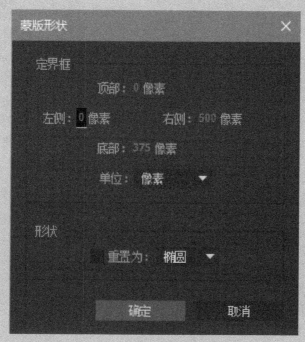

图 3-18

4）使用第三方软件创建蒙版

After Effects 可以使用 Photoshop、Illustrator 等软件绘制的路径来创建蒙版。例如先在 Photoshop 中绘制路径，然后选中路径并按 Ctrl+C 键复制，再切换到 After Effects 中，选择要设置蒙版的图层后按 Ctrl+V 键粘贴蒙版。

3.2　调整蒙版

在蒙版绘制完成后，需要对蒙版进行细致的调整，使之能够更好地融入背景素材中。

3.2.1　编辑蒙版形状

用选取工具和钢笔工具调整控制点的位置，可以增加或减少控制点，调整路径曲率，使蒙版路径更加贴合机器人的边缘。

编辑蒙版形状

在蒙版创建之后仍可通过移动、添加、删除路径上的控制点，以及调整线段的曲率来改变蒙版的形状。

1）选择蒙版上的控制点

在工具栏中选择选取工具 ，在"合成"面板中点选蒙版层，使其处于带有黄色边框的激活状态，再单击所要选择的控制点。蒙版上的控制点在未选择时为空心状态，被选择后变为实心（图 3-19）。

按住 Shift 键单击其他点，可同时选择多个控制点。按住 Alt 键单击任意控制点，可同时选择所有控制点。

2）调整蒙版形状

选择控制点后，可通过移动控制点的位置来改变蒙版形状（图 3-20）。使用钢笔工具组中的"添加'顶点'工具"在蒙版路径中需要添加点的位置单击，可增加控制点。使用"删除'顶点'工具"在蒙版路径中需要消除点的位置单击，可删除控制点。使用"转换'顶点'工具"单击路径中的控制点并拖动，可改变路径的曲率，产生曲线效果（图 3-21）。

图 3-19

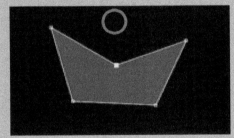

图 3-20

3）旋转缩放蒙版

用钢笔工具双击任意控制点，打开蒙版约束框。可以通过对约束框的操作来实现对蒙版的旋转缩放（图 3-22）。

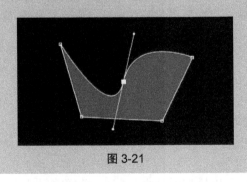

图 3-21

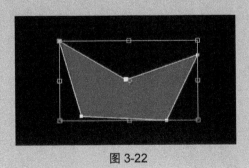

图 3-22

3.2.2　调整边缘

在完成蒙版路径的细致调整后，机器人 Wall.e 已经从原来的素材中被完美地抠出，但它与新背景之间依然有一种格格不入的感觉（图 3-23）。其原因在于 Wall.e 仍有清晰的边缘，这种感觉就像将一张剪纸作品直接贴在背景图片上一样。如果想让最终的效果看上去尽量真实，就需对 Wall.e 的边缘进行羽化。

图 3-23

（1）在"时间轴"面板中点选"wall.e"层，快速按两下 M 键，展开图层的蒙版属性。

（2）将"蒙版 1"（新绘制的蒙版）下的"蒙版羽化"属性值设为"2.0，2.0 像素"（图 3-24）。

蒙版羽化之后，Wall.e 边缘变得柔和，但同时也出现了黑边（图 3-25）。因为原素材的背景为深色，当进行羽化之后，蒙版边缘向外扩充，这就包括了一些深色背景。需要对边缘进行适当收缩，来去除黑边。

图 3-24

图 3-25

（3）将"蒙版扩展"属性值设为"-1.0 像素"，收缩蒙版边缘（图 3-26、图 3-27），按 Ctrl+S 键保存最终结果。

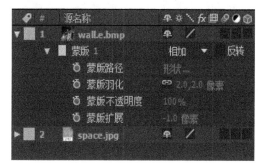

图 3-26

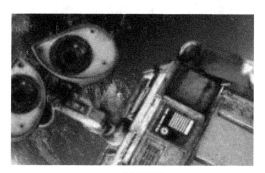

图 3-27

蒙版的属性

在为图层绘制蒙版后,在"时间轴"面板中的图层就会出现蒙版属性,通过对其中参数的设置可进一步调整蒙版效果。在"时间轴"面板中选择绘有蒙版的图层,连续按两下M键可展开该图层蒙版的所有属性(图3-28)。

1)蒙版路径

单击"蒙版路径"右侧的"形状..."可以调出"蒙版形状"对话框,修改相关参数以调整蒙版形状(图3-29)。

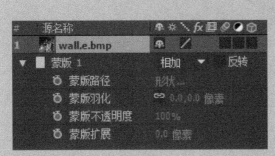

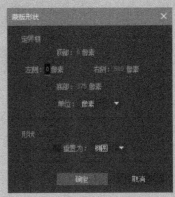

图 3-28　　　　　　　　　　　　　　　　图 3-29

2)蒙版羽化

通过对蒙版边缘进行羽化设置,可改变蒙版边缘的软硬度,使其更好地与其他图层相融合。"蒙版羽化"的参数由二维数组组成,分别表示水平羽化值和垂直羽化值,可用鼠标左键按住参数值并拖动以改变参数值或单击参数值使其处于激活状态,后输入参数值。数组前的图标 为锁定等比,单击可取消。羽化前后的对比效果如图3-30和图3-31所示。

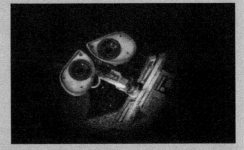

图 3-30　　　　　　　　　　　　　　　　图 3-31

3)蒙版不透明度

通过设置"蒙版不透明度"参数值,可以控制蒙版选区的半透明效果,默认值为100%不透明,可用鼠标左键按住参数值并拖动以改变参数值或单击参数值使其处于激活状态,后输入参数值。设置效果对比如图3-32和图3-33的所示。

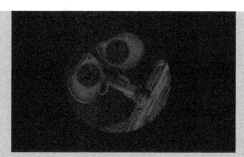

图 3-32　　　　　　　　　　　　　　　图 3-33

4）蒙版扩展

通过设置"蒙版扩展"参数值，可以控制蒙版边缘的收缩与扩张，默认值为 0，当参数为正值时蒙版向外扩展，当参数为负值时蒙版向内收缩。一般来说，在对蒙版边缘羽化后蒙版向外有一定扩张，这样就会将原本希望抠除的部分显示出来，这时可以通过设置"蒙版扩展"参数值向内收缩，以达到理想效果。设置扩展与收缩前后的效果对比如图 3-34 和图 3-35 所示。

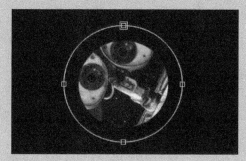

图 3-34　　　　　　　　　　　　　　　图 3-35

5）反转蒙版

"反转"选项的作用可使蒙版反转，默认为不选择，即蒙版选区内显示当前图层图像，而选区外设为透明。当选取"反转"选项后蒙版被反转。设置效果对比见图 3-36 和图 3-37。

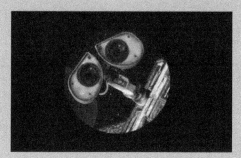

图 3-36　　　　　　　　　　　　　　　图 3-37

3.3　蒙版模式

有时候需要为一个图层绘制多个蒙版，当这些蒙版重叠时，可以通过设置不同的混合模式来实现丰富的效果。这些蒙版的混合模式被称为蒙版模式。

蒙版模式的种类

蒙版默认混合模式为"相加"，展开蒙版混合模式下拉菜单，共有7种模式可供选择（图3-38）。

图 3-38

下面为一个图层绘制了两个蒙版，"蒙版1"为矩形，位于上方，混合模式始终设为"相加"，"蒙版2"为圆形，位于下方，通过设置"蒙版2"的混合模式来演示效果。

1）无

"无"选项使蒙版无效，不产生抠像效果，多用于为特效定义作用边缘，或创建描边效果（图3-39）。

2）相加

"相加"选项使当前蒙版与其上方蒙版相加，显示所有蒙版范围的内容蒙版相交部分的不透明度相加，如两个遮罩的不透明度都为50%时的效果（图3-40）。

图 3-39

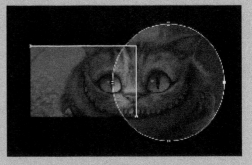

图 3-40

3）相减

"相减"选项在上面蒙版范围的基础上减去当前蒙版，被减去的部分设为透明（图3-41）。

4）交集

"交集"选项只保留当前蒙版与其上方蒙版的交集部分,其他部分设为透明（图3-42）。

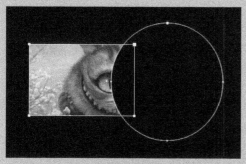
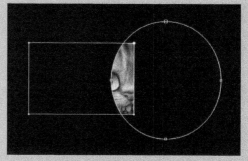

图 3-41   图 3-42

5）变亮

"变亮"选项与"相加"模式相似,蒙版范围相加。但在相交部分的不透明度则以参数值高的为准。如:矩形蒙版的不透明度都为100%,圆形蒙版的不透明度都为50%,相交部分的不透明度则为100%（图3-43）。

6）变暗

"变暗"选项与"交集"模式相似,只保留交集部分,但在相交部分的不透明度则以参数值低的为准。如:矩形蒙版的不透明度都为100%,圆形蒙版的不透明度都为50%,相交部分的不透明度则为50%（图3-44）。

7）差值

"差值"选项与"交集"模式相反,只保留当前蒙版与其上层蒙版的非交集部分,交集部分设为透明（图3-45）。

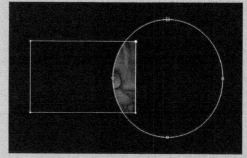

图 3-43   图 3-44

这里需要说明的是只有闭合的蒙版才会有混合模式,非闭合的蒙版没有混合模式,也不会产生抠像效果(图 3-46)。

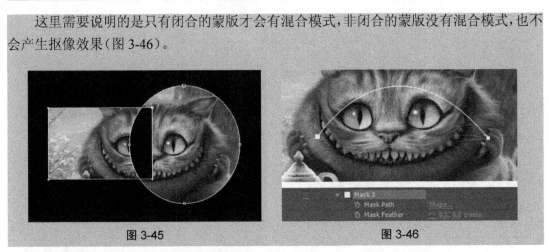

图 3-45　　　　　　　　　　　　　图 3-46

下面通过一个实例来深入了解蒙版模式的应用。

3.3.1　恢复默认设置

为了实现操作过程的一致性,首先要恢复 After Effects 程序的默认设置。启动 After Effects 时按下 Ctrl+Alt+Shift 键,系统询问是否删除首选项文件时,单击"确定"按钮(图 3-47)。选择菜单"文件—另存为—另存为"命令,弹出"另存为"对话框,导航至相关保存路径,将项目命名为"吃豆 .aep",然后单击"保存"按钮,完成对项目的重命名及保存。

3.3.2　导入素材

下面为新打开的项目导入素材。双击"项目"面板的空白处打开"导入文件"对话框。导航到"光盘 \ 第 3 章 \ 素材"文件夹下 , 选择"吃豆 .ai"文件,在"导入为"项下拉菜单中选择"合成—保持图层大小",然后单击"导入"按钮(图 3-48)。

图 3-47

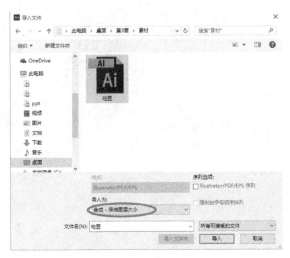

图 3-48

3.3.3 编辑合成

编辑合成的操作如下。

（1）双击"项目"面板中的"吃豆"合成，打开它。选择菜单"合成—合成设置"或者按 Ctrl+K 键打开"合成设置"对话框。将"持续时间"项设为"05:00"，单击"确定"按钮。

（2）在"时间轴"面板中点选"吃豆人"图层，选择菜单"图层 > 预合成"或者按 Ctrl + Shift + C 键，在弹出的"预合成"对话框中直接单击"确定"按钮创建预合成，以便制作吃豆人的动作（图 3-49）。

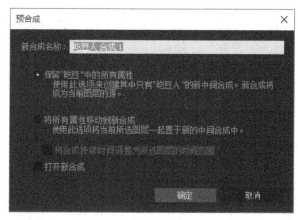

图 3-49

（3）双击"项目"面板中的"吃豆人合成 1"合成，打开它。在"时间轴"面板中点选"吃豆人"图层，按 Ctrl + D 键复制图层，分别点选两图层，按回车键，重命名为"上"和"下"（图 3-50）。

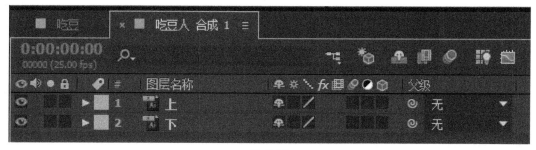

图 3-50

（4）将鼠标指向"合成"面板，滚动鼠标滚轮，将图像放大以便观察。在"时间轴"面板中点选"上"层，按 R 键调出"旋转"属性，在 0 帧处按下关键帧记录器图标 设置关键帧。将时间跳转至 10 帧处，将"旋转"属性参数设为"0x+25.0°"（图 3-51、图 3-52）。框选前两个关键帧，按 Ctrl + C 键复制，分别跳转至 20 帧、1 秒 15 帧、2 秒 10 帧、3 秒 05 帧、4 秒、4 秒 20 帧处按 Ctrl + V 键粘贴关键帧，生成"上"层关键帧动画。

图 3-51

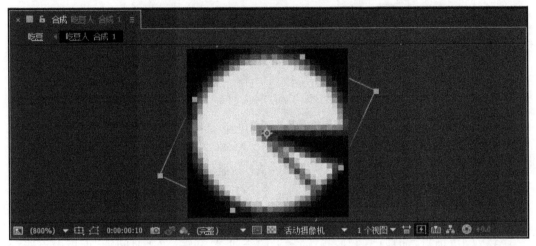

图 3-52

同样点选"下"层，按 R 键调出"旋转"属性，在 0 帧处按下关键帧记录器图标 ⓞ 设置关键帧。将时间跳转至 10 帧处，将"旋转"属性参数设为"0x−10.0°"。框选前两个关键帧，按 Ctrl ＋ C 键复制，分别跳转至 20 帧、1 秒 15 帧、2 秒 10 帧、3 秒 05 帧、4 秒、4 秒 20 帧处按 Ctrl ＋ V 键粘贴关键帧，生成"下"层关键帧动画（图 3-53）。

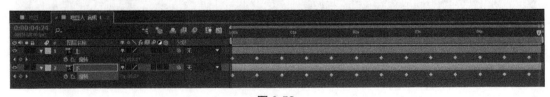

图 3-53

按小键盘 0 键预览，发现"上"层有一些边缘遮挡下层，需要用蒙版去除（图 3-54）。点选"上"层，按 G 键调用钢笔工具，在"合成"面板中将"上"层遮挡的边缘框住（图 3-55）。在"时间轴"面板中点选"上"层，快速按两下 M 键，展开图层蒙版属性，勾选"蒙版 1"右侧"反转"项的复选框，反转蒙版（图 3-56）。

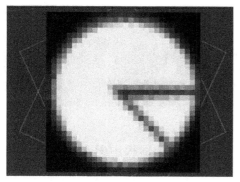

图 3-54

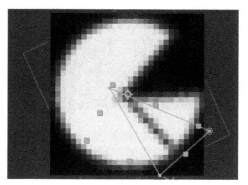

图 3-55

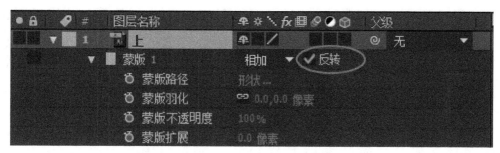

图 3-56

(7)在"时间轴"面板中切换回"吃豆"合成,点选"吃豆人"图层,按 P 键调出"位置"属性,在"合成"面板中配合 Shift 键拖动吃豆人,分别在 0 帧、2 秒、2 秒 20 帧、4 秒、5 秒处设定关键帧。选择钢笔工具单击路径上的各端点,将路径转化为线性直角(图 3-57)。

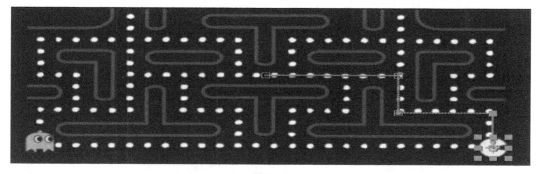

图 3-57

点选"吃豆人"图层,按住 Shift 键。同时按 R 键调出"旋转"属性,比对"位置"关键帧,分别设置以下关键帧:2 秒处参数为"0x+0.0°",2 秒 1 帧处参数为"0x+90.0°",2 秒 20 帧处参数为"0x+90.0°",2 秒 21 帧处参数为"0x+0.0°",4 秒处参数为"0x+0.0°",4 秒 1 帧处参数为"0x+90.0°",以实现吃豆人转弯效果(图 3-58)。

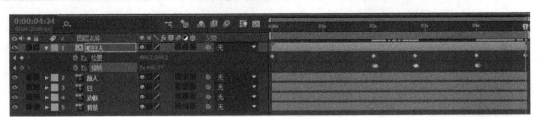

图 3-58

（8）点选"敌人"图层按 P 键调出"位置"属性，在"合成"面板中配合 Shift 键拖动"敌人"，分别在 0 帧、20 帧、1 秒 20 帧、2 秒 10 帧、5 秒处设定关键帧，并选择钢笔工具单击路径上的各端点，将路径转化为线性直角（图 3-59）。

图 3-59

（9）为实现当吃豆人经过，场景中的豆子被吃掉的效果，需要为"豆"图层添加蒙版。点选"豆"图层，按 Home 键将时间线跳至 0 帧处，使用矩形工具▣，在"合成"面板中在吃豆人的位置绘制蒙版以框住人物下面的豆（图 3-60）。按 M 键调出"蒙版 1"的"蒙版路径"属性，按下关键帧记录器图标▣设置关键帧，并将"蒙版 1"右侧的混合模式设为"相减"（图 3-61）。

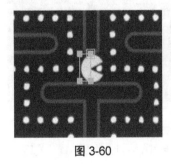

图 3-60

图 3-61

将时间跳转至 2 秒处，使用选取工具双击蒙版，打开约束框，将蒙版变形，以遮住经过路径上的豆，并生成新的蒙版关键帧（图 3-62）。

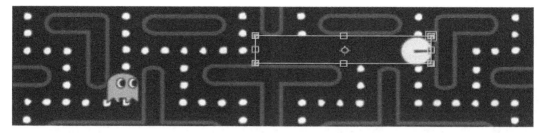

图 3-62

使用同样方法，再绘制"蒙版 2""蒙版 3""蒙版 4"，混合模式都设为"相减"，并设置"蒙版路径"属性关键帧，以遮住吃豆人经过路径上的豆（图 3-63、图 3-64）。

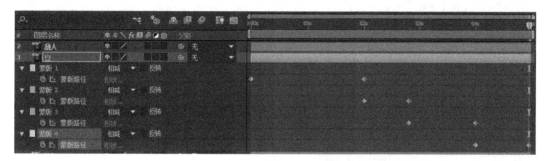

图 3-63

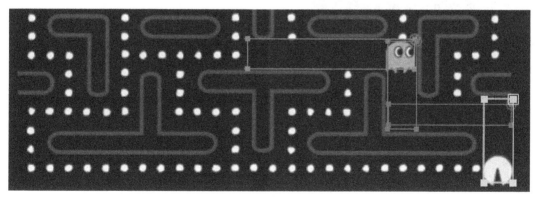

图 3-64

（10）按小键盘 0 键预览操作完成后的动画，按 Ctrl + S 键保存最终结果。

3.4 蒙版变形

通过上一节的实例可以发现，在蒙版创建之后可通过设置蒙版的"蒙版路径"属性关键帧，实现蒙版变形的效果。可以通过选取工具和钢笔工具调整"蒙版路径"使其变形，或是直接复制其他蒙版的关键帧来设置蒙版动画。通过设置蒙版变形动画，还可以实现个性化的转场效果。下面就通过一个实例进行具体说明。

（1）按 Ctrl＋N 键新建一个合成，按 Ctrl＋Y 键新建一个纯色层，按 Q 键调用矩形工具 ■，在"合成"面板中绘制矩形蒙版（图 3-65）。在"时间轴"面板中，点选纯色层，按 M 键调出"蒙版 1"的"蒙版路径"属性，在 0 帧处按下秒表图标 ■ 设置关键帧（图 3-66）。

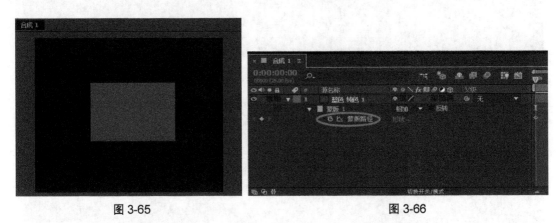

图 3-65   图 3-66

（2）反复按 Q 键调用椭圆形工具，在"合成"面板中绘制"蒙版 2"（图 3-67），并设其 "蒙版路径"属性关键帧（图 3-68）。

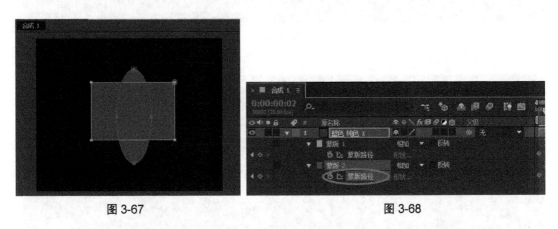

图 3-67   图 3-68

（3）点选"蒙版 2"的"蒙版路径"属性关键帧，按 Ctrl＋C 键复制关键帧。再选择"蒙版 1"的"蒙版路径"属性，并将时间定位在 1 秒处按 Ctrl＋V 键粘贴关键帧（图 3-69）。

图 3-69

（4）点选"蒙版 2"并按 Del 键删除它，此时就实现了蒙版由矩形变为椭圆形。使用以上方法还可以将蒙版变换成其他需要的形状。

3.5 跟踪蒙版

蒙版的作用在于重新设定图层的显示范围,蒙版可以是固定的,也可以是运动的。例如在很多新闻采访片中,为了保护画面中人员的隐私需要为他们脸部添加马赛克效果。这可以通过建立一个调整层,为其调用马赛克效果,并为调整层绘制蒙版,使其正好遮挡住下面图层中人物的面部。但由于人物会来回运动,所以必须不断设置马赛克图层蒙版的"蒙版路径"属性关键帧,使其跟随人物面部运动。人物运动越不规则,需要设置的关键帧就越多,有的时候可能需要一帧一帧地设置,那将是非常繁重的工作。在 After Effects CC 版本中新增了一个叫做"跟踪蒙版"的功能,将有效地解决上述问题。

下面通过一个实例来介绍这一新功能。

3.5.1 恢复默认设置

为了实现操作过程的一致性,首先要恢复 After Effects 程序的默认设置。启动 After Effects 时按下 Ctrl+Alt+Shift 键,系统是否删除首选项文件时,单击"确定"按钮(图 3-70)。选择菜单"文件—另存为—另存为"命令,弹出"另存为"对话框,导航至相关保存路径,将项目命名为"跟踪蒙版 .aep",然后单击"保存"按钮,完成对项目的重命名及保存。

3.5.2 导入素材

下面为新打开的项目导入素材。双击"项目"面板的空白处打开"导入文件"对话框,导航到"光盘\第 3 章\素材"文件夹下 , 双击"多多 .mov"文件,导入素材(图 3-71)。

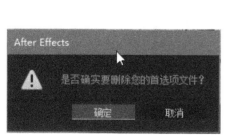

图 3-70

图 3-71

3.5.3 创建合成

将"项目"面板中的"多多 .mov"素材,拖放到"项目"面板左下方的新建合成按钮上,即以该素材的像素大小、宽高比、帧速率和持续时间为参数创建同名合成,并在"时间轴"面板与"合成"面板中显示(图 3-72)。

图 3-72

3.5.4　设置马赛克效果

为了保护小狗的隐私,需要为它脸部打上马赛克,并在运动的镜头中始终保持对其脸部的遮挡,具体操作如下。

（1）用鼠标右键单击"时间轴"面板空白处,在弹出的上下文菜单中选择"新建—调整图层（A）"（图 3-73）。点选新建的调整层,按回车键改名为"马赛克",我们将在这层上调用马赛克特效。

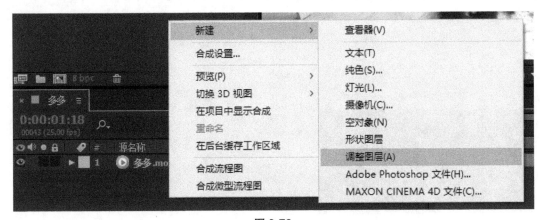

图 3-73

（2）在"时间轴"面板中用鼠标右键单击"马赛克"图层,在弹出的上下文菜单中选择"效果—风格化—马赛克"（图 3-74）。

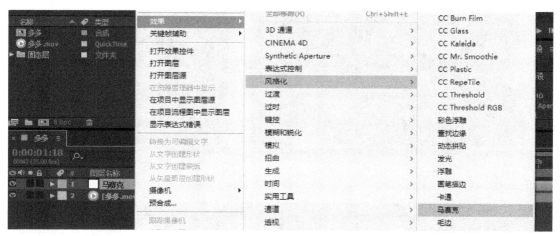

图 3-74

　　由于马赛克特效的默认值效果不够理想,所以在"效果控件"面板中(如果无法找到"效果控件"面板,可选择菜单"窗口—效果控件")调整马赛克特效的"水平块"与"垂直块"数值,参考值:水平块为 50,垂直块为 50(图 3-75)。

　　反复按 Q 键,直至调用椭圆形工具。在"时间轴"面板中按 Home 键确保当前时间位于合成开始处,点选"马赛克"图层,在"合成"面板中绘制椭圆形蒙版遮挡住小狗脸部(图 3-76)。由于镜头运动,无法保证绘制蒙版的马赛克始终罩住小狗脸部,需要进行跟踪。

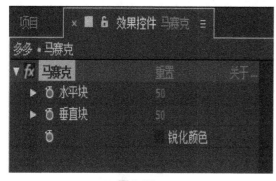

图 3-75

图 3-76

　　在"时间轴"面板中按 Home 键确保当前时间位于合成开始处,点选"马赛克"图层,按 M 键调出"蒙版 1"属性。鼠标右键单击"蒙版 1",在弹出的菜单中选择"跟踪蒙版"(图 3-77),将在程序界面右下角出现"跟踪器"面板,单击"向前跟踪"按钮,开始跟踪(图 3-78),系统将根据小狗脸部相对镜头的移动缩放和旋转来调整蒙版,并自动生成"蒙版路径"关键帧(图 3-79)。

图 3-77　　　　　　　　　　　　　　　图 3-78

图 3-79

使用蒙版跟踪器时的注意事项

可以选择不同方法来修改蒙版的位置、比例、旋转、倾斜和视角，蒙版形状与图层中所跟踪到的变换的匹配情况，取决于选择的方法类型（图 3-80）。

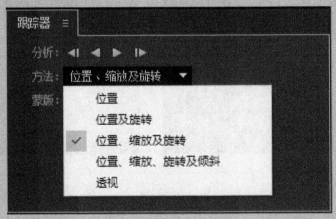

图 3-80

为了进行有效跟踪，跟踪对象必须在整个影片中保持同样的形状，而跟踪对象的位置、比例和视角都可更改。

在开始跟踪操作之前可选择多个蒙版，然后将关键帧添加到每个选定蒙版的"蒙版路径"属性中。

所跟踪的图层必须是跟踪遮罩、调整图层或其源可包含运动的图层。这包括基于视频素材和预合成的图层，但不是纯色层或静止图像。

3.6　本章复习

（1）什么是蒙版？创建蒙版的方法有哪些？

（2）蒙版的属性有哪些？

（3）什么是蒙版模式？有哪几种？

（4）什么是跟踪蒙版？如何制作跟踪蒙版？

第4章 形状图层

在 After Effects 中，除了可以置入一个矢量的图形文件，在项目使用外，还可以直接进行矢量对象的绘制。在 After Effects 中绘制矢量对象时，并不能将该对象放到"项目"面板中，只能在相应的合成中创建形状图层（图 4-1）。在 After Effects 中可以创建多个形状图层，并且可以一同进行变形处理。

4.1 创建形状图层

可以在"合成"面板中，用鼠标右键单击"新建"创建"形状图层"，也可在"图层"菜单下选"新建"创建"形状图层"。我们一般使用前者来创建形状图层，形状图层能够编辑很多优秀的图形（图 4-2）和动画效果，下面通过一些实例学习矢量图层的编辑和应用。

图 4-1　　　　　　　　　　　　　　　　图 4-2

4.1.1　恢复默认设置

为实现操作过程的一致性，要恢复 After Effects 程序的默认设置。启动 After Effects 时按下 Ctrl+Alt+Shift 键，系统询问是否删除首选项文件时，单击"确定"按钮（图 4-3）。选择菜单"文件—另存为"命令，弹出"另存为"对话框，导航至相关保存路径，将项目命名为"矢量图形 .aep"，然后单击"保存"按钮，完成对项目的重命名及保存（图 4-4）。

图 4-3

图 4-4

4.2　绘制标准图形

After Effects 的工具箱提供了一些标准的图形绘制工具,分别是"矩形工具""圆角矩形工具""椭圆工具""多边形工具"和"星形工具",这些工具的快捷键均为 Q,可以使用快捷键 Shift+Q 在不同的工具间切换。因为是标准的图形绘制工具,所以操作起来比较简单。

4.2.1　矩形

当要在画面中创建一个矩形时,可以使用"矩形工具",具体操作方法如下。

(1)在工具箱中选中"矩形工具"■,或使用快捷键 Q。

(2)在"合成"面板要创建的矩形对象的角点上单击鼠标左键,拖到该角点的对角点上,释放鼠标即可,如图 4-5 所示。

> **提示**
>
> 在创建正方形对象的同时,按下 Shift 键,可以从正方形的中心开始创建,鼠标拖动到需要的尺寸后,释放鼠标即可。

当采用上述方法进行矩形对象的创建时,该对象的尺寸只是一个大概的数值,如果要精确地对矩形对象进行属性调整,可以使用"选取工具",将该矩形对象选中,在"时间轴"面板中展开该对象的属性,并且对属性进行具体的调整,如图 4-6 所示。

大小:调整该栏中的参数,定义矩形对象的宽度和高度,单位为像素。

位置:调整该栏的参数,定义矩形对象和定位点之间的位置差异。

圆度:调整该栏的参数,定义矩形对象圆角的半径,数值越大,圆角越明显,如图 4-7 所示,只有数值为 0 时,才是标准的矩形。

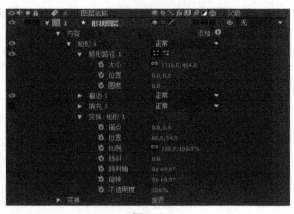

图 4-5　　　　　　　　　　　　图 4-6

描边：在该属性中可以定义矩形对象的描边处理方式。

锚点：调整该栏参数，定义矩形对象的定位点和中心的位置差异。

位置：调整该参数，定义矩形对象和整个形状图层中心的位置差异。

比例：调整该参数，可以统一或分别调整矩形对象的缩放比例。

倾斜：调整该参数，定义矩形对象进行斜切处理的程度，数值越大，斜切的效果越明显，如图 4-8 所示。

倾斜轴：调整该栏参数，可以定义斜切时的轴向，可以分别定义轴向的圈数和度数，如图 4-9 所示。

旋转：调整该栏中的参数，定义矩形对象旋转的圈数和角度。

不透明度：调整该栏中的参数，定义矩形对象的透明度，其中包括描边和填充。

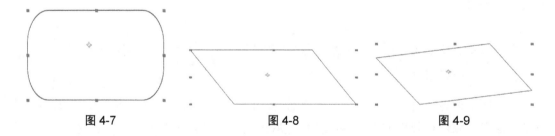

图 4-7　　　　　　　　　　图 4-8　　　　　　　　　　图 4-9

提示

在 After Effects 中，每一个创建的矢量对象在"时间轴"面板中都会出现类似的一组属性参数，这一组参数只针对矢量对象起作用。在形状图层中会出现一个"变换"属性，展开该属性，也会出现一些相同的属性参数，但是该属性是针对整个形状图层的，所以用户在操作时要加以甄别。

4.2.2　圆角矩形

当要在画面中创建一个圆角矩形时，需要使用"圆角矩形工具"，具体操作方法如下。

（1）在工具箱中选中"圆角矩形工具" ，或使用快捷键 Q。

（2）在"合成"面板中要创建的圆角矩形对象的虚拟角点位置上单击鼠标左键,拖到该角点的对焦点上释放鼠标即可,如图 4-10 所示。

4.2.3　椭圆形

当要在页面中创建一个椭圆形时,需要使用到"椭圆形工具",具体的操作方法如下。

（1）在工具箱中选择"椭圆形工具" ，也可以使用快捷键 Q。

（2）在椭圆形对象的虚拟角点上单击,用鼠标拖动到虚拟对角点上,释放鼠标即可,如图 4-11 所示。

> **提示**
>
> 在创建正圆形对象的同时按下键盘上的 Shift 键,用鼠标拖动到需要的尺寸后,释放鼠标即可。

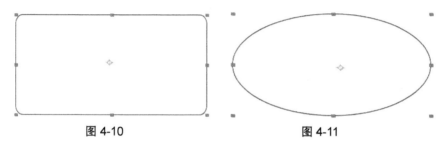

图 4-10　　　　　　　　　　　　　图 4-11

> **提示**
>
> 在创建圆角正方形对象的同时,按下 Shift 键,用鼠标拖动到需要的尺寸后,释放鼠标即可。

4.2.4　多边形

当要在页面中创建一个多边形时,需要使用"多边形工具",具体的操作方法如下。

（1）在工具箱中选择"多边形工具" ，或使用快捷键 Q。

（2）在要创建的多边形对象的中心处单击,拖动鼠标时确定多边形对象的半径和角度,释放鼠标,完成多边形对象的状态,如图 4-12 所示。

> **提示**
>
> 在拖动鼠标创建多边形对象时,按下 Shift 键,可以锁定多边形对象的角度为 45 度的倍值。

4.2.5　星形工具

当要在页面中创建一个星形时,需要使用"星形工具",具体的操作方法如下。

（1）在工具箱中选择"星形工具" ，或使用快捷键 Q。

（2）在要创建的星形对象的中心处单击，拖动鼠标时确定星形对象的半径和角度，释放鼠标，完成星形对象的创建，如图 4-13 所示。

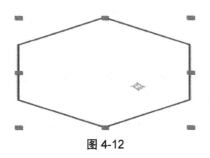

图 4-12

图 4-13

4.3　钢笔工具

钢笔工具是 After Effects 中专门用于绘制路径的工具，在蒙版这一章节中已经讲解，这里不再介绍。钢笔工具在形状图层中应用广泛，能够绘制出各种各样的图形，在后面讲解的实例中我们会使用到钢笔工具。

4.4　定义形状图层的颜色

"填充"和"描边"是用来表示矢量对象的两部分的。在矢量对象上都包含这两部分，其中"描边"表示矢量对象的边缘部分，"填充"表示矢量对象的中心部分，如图 4-14 所示。在矢量对象中，描边和填充都可以定义为不同的颜色，但是在描边部分中可以定义的属性较多，除了可以定义不同的颜色外，还可以定义描边的宽度，也就是线形的粗细和不同的线型，可以是实线也可以是虚线。

当创建一个矢量对象时，可以预先对该对象的填充和描边颜色进行定义。当在工具箱中选中任何一个矢量绘制工具时，在工具箱的右侧都会出现"填充"和"描边"选项（图4-15），不同选项针对不同位置颜色的设置。单击"填充"或"描边"选项时，都会弹出所示的"填充选项"和"描边选项"对话框（图 4-16、图 4-17），在对话框中进行设置后，相应的颜色即会定义到填充或描边部分上。

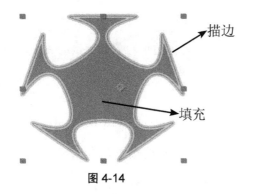

图 4-14

图 4-15

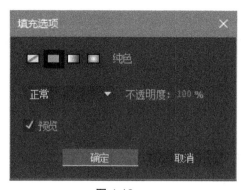

图 4-16

图 4-17

4.4.1　透明无色

在"填充选项"和"描边选项"对话框,单击"透明无色"按钮 ,将把矢量对象的相应部分定义为透明无色的,当设置了透明无色时,将透过它查看到背景或后面的对象,如图 4-18 所示。

4.4.2　单色

在默认的情况下,创建矢量对象的填充和描边部分都采用单色设置,也就是采用单一的颜色。在"填充选项"和"描边选项"对话框,单击"单色"按钮 ,并单击"确定"按钮,可将相应部分的颜色设置为单色。此时回到工具箱中单击"填充"或"描边"选项右侧的颜色框,会弹出如图 4-19 所示的"形状填充颜色"对话框。当要选中一个单色时,可以执行如下操作。

图 4-18

图 4-19

（1）在工具箱中单击"填充"或"描边"选项右侧的颜色框,弹出颜色对话框。

（2）该对话框的右侧提供了颜色选择区,可以直接用鼠标选中。如果要选择不同的颜色模式,可以在右侧点选 HSB 颜色模式中的"H""S""B"3 个选项,当选中不同的选项时,颜色选区中的"颜色条"将发生变化。

（3）当选中"H""S""B"的不同选项时,拖动"颜色条"中的滑块,可以定义当前"颜色选项"的亮度,通过调整左侧的颜色区域,定义最终的颜色。

（4）也可以通过单击"R""G""B"颜色模式中的颜色选项，进行颜色的定义。

（5）如果要精确地定义颜色，可以分别在"HSB"或"RGB"文本框中输入精确的数值，输入时要注意数值的顺序。

（6）在 #（十六进制颜色代码）文本框中，可以输入相应的数值。

（7）单击"吸管工具" ，可以在整个屏幕界面中选择要使用的颜色，用鼠标在相应的颜色上单击即可。

（8）当勾选"预览"复选框时，可以在对象相应的位置上预览到颜色调整。

（9）设置完毕后，单击"确定"按钮。

4.4.3　渐变

"渐变色"是两种或多种颜色之间或同一颜色的两个色调之间的逐渐混合，形成一个过渡颜色的现象。一般情况下，在"渐变色"中从一个颜色到另一个颜色，可以采用缓和的变化方式，也可以制作突变的渐变色。在 After Effects 中，渐变色只有两种，一种是"线性渐变"，另一种是"径向渐变"。其中"线性渐变"是从一侧渐变到另一侧，采用直线的变化方式，如图 4-20 所示。而"径向渐变"是一个颜色从中心向四周进行变化，如图 4-21 所示。

图 4-20　　　　　　　　　　　　　　　图 4-21

在"填充选项"和"描边选项"对话框中，单击"线性渐变"按钮 或"径向渐变"按钮 ，单击 OK 按钮。回到工具箱中单击"填充"或"描边"选项右侧的颜色按钮，弹出如图 4-22 所示的"渐变编辑器"对话框。在该对话框中进行设置，调整渐变颜色，具体的操作方法如下。

（1）在"渐变编辑器"对话框中单击"线性渐变"按钮或"径向渐变"按钮，可以定义渐变的类型。

（2）在该对话框的渐变中，上面的色标为透明色标，下面的色标为颜色色标。当要定义一个既有的渐变色时，需要使用鼠标选中一个颜色色标，并且在该对话框的下面的颜色区域进行选取，具体的操作方法和选中单色的方式相似。

（3）在默认的情况下，一个渐变颜色都拥有两个颜色样本，当要添加一个颜色样本时，需要在该对话框的渐变下侧单击鼠标，在相应的位置上就会出现一个新的颜色样本，并且采用当选的颜色,如图 4-23 所示。

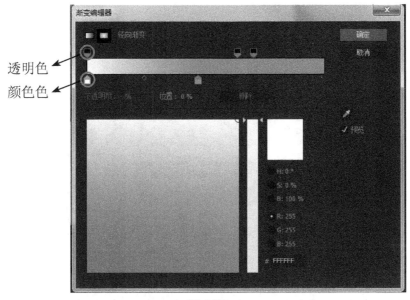

图 4-22

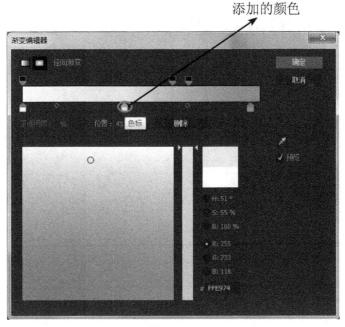

图 4-23

在默认情况下,渐变颜色的标记都是在左右两侧各一个,但并不是必须在该位置上,使用鼠标选中一个颜色样式,直接拖拽,即可调整相应颜色的位置,如果一个端点处的颜色样本改变位置后,改渐变颜色的一侧将继续延续该颜色,如图 4-24 所示。

（5）当要精确调整一个样本的位置时,选中该颜色的样本,在"位置"栏中调整数值,可定义该颜色样本所在的精确位置。

（6）当要删除一个颜色样本时,可以选中该颜色样本,单击"删除"按钮,或者直接向下拖拽鼠标。

（7）在 After Effects 中可以定义带透明度的渐变颜色,所以要添加渐变中不同位置的透明度时,可以选择相应的"透明度"色标,在"不透明度"栏中调整数值,如图 4-25 所示。

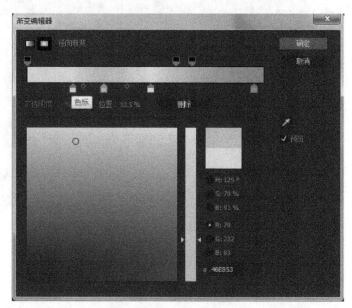

图 4-24

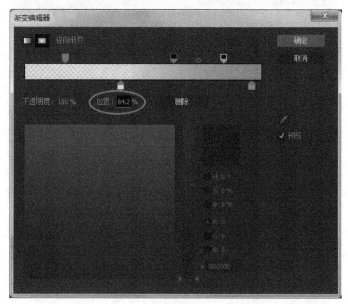

图 4-25

（8）当要调整"透明色标"的位置时,可以直接使用鼠标拖动到相应的位置上。在"位置"

栏可以输入位置百分比的数值,当该"透明色标"第一个或最后一个"透明色标",如果该"透明色标"的位置并不是 0% 或 100% 时,该色标的透明度将延续到相应的开始端或结束端。

(9)当要添加一个新的"透明色标"时,可以直接在相应的位置上单击鼠标,创建"透明色标",选择该标尺色标,直接调整该色标的颜色、透明度或精确的位置。

(10)在 After Effects 中,渐变颜色中每两个"渐变色标"或"透明色标"之间透明度是均匀过渡的,如果要调整直接的过渡效果,可以调整两个色标之间的"渐变中心"标记。可以直接拖动"渐变中心标记"到要设置的位置上,此时靠近的色标"颜色"或"透明度"将小于相反方向的色标。也可以在当选的状态下,在"位置"栏输入百分比数值,该数值将以两个色标之间的距离为一个整数单位,并不是以整个渐变色为整数单位。

(11)勾选"预览"复选项,可以在对象相应的位置上预览到颜色调整。

(12)设置完毕后,单击"OK"按钮,确定对渐变颜色的调整。

(13)当要调整渐变颜色到矢量对象的开始和结束位置时,保持该对象的当选状态,在"时间轴"面板中展开相应的属性,找到"起始点"和"结束点"两个属性,分别调整点的位置,从而控制渐变颜色的状态,如图 4-26 所示。

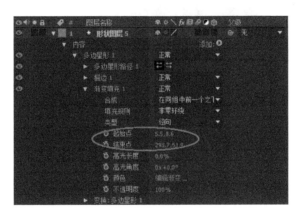

图 4-26

(14)当要重新调整已经定义的渐变色时,可以在工具箱中直接单击颜色按钮,也可以在"时间轴"面板中的"颜色"属性中单击"编辑渐变"按钮,重新打开"渐变编辑器"对话框,调整渐变颜色。

当绘制一个矢量对象时,可以对描边进行更加深入的设置,使其更好地配合整个图形的效果。在 After Effects 中,对自行创建的图形描边,不但可以调整其颜色和颜色模式,还可以调整其宽度和样式。After Effects 并没有提供调整描边的面板或相应的窗口,只能通过工具箱进行描边宽度的调整,要调整描边的样式时,只能通过"时间轴"面板进行调整。

4.4.4　混合模式

当创建一个矢量图形对象时,可以设置填充或描边的"混合模式",定义绘制的图形对象和其下面的图像或背景图像的混合模式。可以在"填充选项"和"描边选项"对话框中设置,也可以在"时间轴"面板中设置(图 4-27),它与图层的"混合模式"选项相同,由于相关内容已在第 3 章介绍过，这里就不详细介绍了。

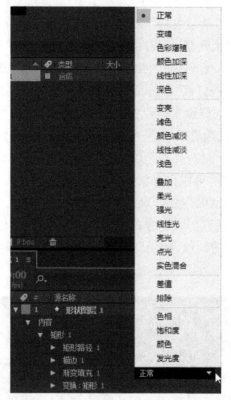

图 4-27

4.4.5　形状的填充规则

填充规则属性中包括"非零环境"填充规则和"奇偶"填充规则。

（1）在"时间轴"面板形状图层下创建多边星形，如图 4-28 所示。

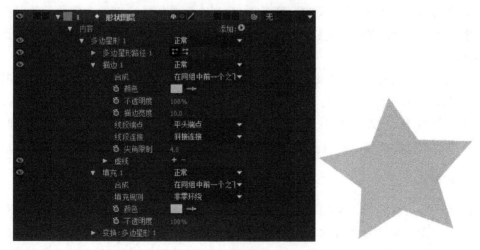

图 4-28

（2）设置多边形路径属性,如图 4-29 所示。

点:18.0。

内径:234.0。

外径:30.0。

内圆度:270.0%。

外圆度:-500.0%。

填充规则:奇偶。

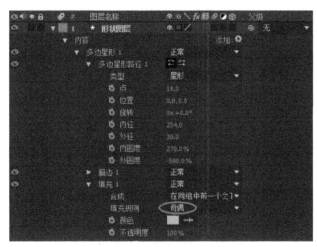

图 4-29

（3）设置"填充规则"为"非零环境",如图 4-30 所示。

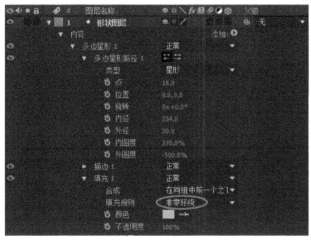

图 4-30

提示

因为非零环境填充规则会考虑路径方向,所以使用此填充规则并反转合成路径中的一个或多个路径的方向对于创建合成路径中的孔比较有用。

要反转某个路径方向,请在"时间轴"面板中单击该路径的"反转路径方向(开)" ⇄ 按钮。

4.5　调整描边

当绘制了一个矢量对象时,描边可以进行更加深入的设置,使其更好地配合整个图形效果。After Effects 对自行创建的图形描边,不但可以调整其颜色和颜色模式,还可以调整其宽度和样式。

4.5.1　调整描边的宽度

在 After Effects 中调整描边的宽度,可以在绘制图形之前或之后进行。当要在绘制图形之前进行时,在工具箱中选中相应的绘图工具时,在工具箱右侧的"描边"选项的"像素"栏中调整数值,定义图形描边的宽度,图 4-31 所示为不同尺寸的描边宽度。

图 4-31

当要对一个已经创建完毕的图形进行描边宽度的调整时,可以执行如下操作。

(1)在工具箱中选中"选取工具",或按快捷键 V。

(2)在"合成"面板中选中要调整的图形对象。

(3)执行如下任一操作可调整描边宽度。

①在工具箱中"描边"选项的"像素"栏中调整数值。

②在"时间轴"面板中展开对象的"描边"属性,并且找到"描边宽度"选项,修改该属性中的数值。

4.5.2　调整描边的端点

当绘制的图形为开放路径时,也就是可以找到两个端点时,可以调整路径的端点形态。在 After Effects 中可以定义的端点样式有 3 种,分别为"平头端点""圆头端点"和"矩形端点"。具体的操作方法如下。

（1）在工具箱中选中"选取工具"，或使用快捷键 V。

（2）在"合成"面板中选中要调整的图形对象。

（3）在"时间轴"面板中展开相应对象的"描边"属性，并且找到"线段端点"选项，在该下拉列表框中可以选择相应样式。

平头端点：这是系统的默认选项，端点的样式为平直效果，直接在相应的节点位置上进行定义，如图 4-32 所示。

圆头端点：当选中该选项时，端点的样式为半圆效果，半圆的半径将采用路径的宽度，每一个端点处将延长半个路径宽度的尺寸，如图 4-33 所示。

矩形端点：当选中该选项时，端点的样式为平直效果，但是路径的长度将延长一个路径宽度的尺寸，每一侧将延长一半的路径宽度，如图 4-34 所示。

图 4-32　　　　　　　　图 4-33　　　　　　　　图 4-34

4.5.3　调整描边的端点

当绘制的路径出现直线拐角时，通过设置，可以对拐角样式进行调整，可以将拐角调整为尖锐的，也可以调整为平直的或圆形的。具体的操作方法如下。

（1）在工具箱中选中"选取工具"，或使用快捷键 V。

（2）在"合成"面板中选中要调整的图形对象。

（3）在"时间轴"面板中展开相应对象的"描边"属性，并且找到"线段连接"选项，在该下拉列表框中可以选择如下选项。

斜接连接：当选中该选项时，将调整拐角的形态为比较尖锐的。这是系统的默认选项，通过调整"尖锐范围"栏中的参数，可以定义拐角尖锐的范围，当数值较小时，拐角将变成平直效果，如图 4-35 所示。

圆角连接：当选中该选项时，拐角的部分将变成圆形效果，圆形的直径为路径描边的宽度，如图 4-36 所示。

斜面连接：当选中该选项时，拐角的部分将变成平直效果，如图 4-37 所示。

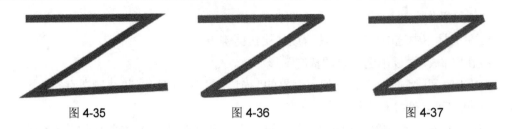

| 图 4-35 | 图 4-36 | 图 4-37 |

4.5.4 定义描边为虚线

在 After Effects 中，直接绘制的路径都是简单的实线，但是通过相应的设置，可以将路径对象定义为虚线。在 After Effects 中还可以调整虚线每一段的长度和间隔的尺寸。具体的操作方法如下。

（1）在工具箱中选中"选取工具"，或使用快捷键 V。

（2）在"合成"面板中选中要调整的图形对象。

（3）在"时间轴"面板中展开相应对象的"描边"属性，并且找到"虚线"选项，在默认的情况下，该选项中没有任何参数，通过该项参数，从而定义虚线的长度，此时虚线的间隔和虚线的长度相同，如图 4-38 所示。

（4）当选择"偏移"选项时，可以调整路径中的虚线位置，如图 4-39 所示。

（5）再次单击➕按钮时，将添加一个"间隔"选项，通过调整该项参数，可以调整虚线之间的间隔尺寸，如图 4-40 所示。

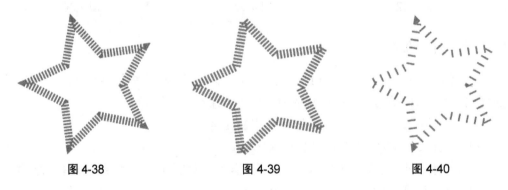

| 图 4-38 | 图 4-39 | 图 4-40 |

（6）再次单击➕按钮时，将再添加一个"虚线"的选项，通过调整该项参数，将定义第二组虚线的长度，如图 4-41 所示。

（7）再次单击➕按钮时，将再添加一个 Gap（间隔）的虚线，通过调整该项参数，可以调整第二组间隔尺寸，如图 4-42 所示。

（8）重复前面的操作，可以继续创建相应的虚线。

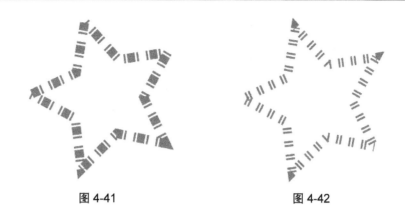

图 4-41   图 4-42

（9）当要将一组虚线参数删除时，可以在"时间轴"面板中选中相应的"虚线"参数，单击 ■ 按钮，将其删除，虚线也相应发生变化。

4.5.5 添加多次填充和描边

After Effects 中，每个图形对象不是只能认定一个填充和描边属性，在同一个图形上，可以定义多个填充和描边。通过调整每一个填充或描边的透明度和混合模式，可以制作出更加复杂的图形颜色效果。具体的操作方法如下。

（1）在"时间轴"面板中选中要调整填充和描边属性的图形对象。

（2）在该面板中单击"添加"按钮，在弹出的菜单中选择不同的选项，定义添加的内容。在该下拉列表框中包括 4 个选项，分别是"填充""描边""渐变填充"和"渐变描边"。选择不同的选项，定义添加的部分。

（3）在"时间轴"面板中，可以找到新添加的颜色属性部分。在展开的属性中可以对相应的颜色进行调整，如图 4-43 所示。一般情况下，如果两个实色填充或两个相同宽度的实色描边作用到同一个对象上时，将看不到任何效果，只能通过调整如下的属性，将效果显示出来。

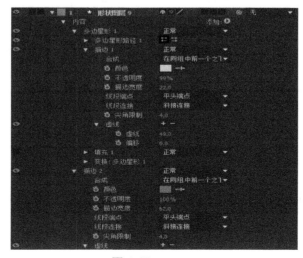

图 4-43

调整透明度：将上面的填充或描边的透明度调低，从而观察到下面的颜色属性。

调整描边的宽度：将上面的描边宽度调小，将下面的描边宽度调大，从而出现如图 4-44 所示的效果。

调整描边为虚线：将描边调整为虚线，调整虚线属性的数值，从而得到如图 4-45 所示的效果。

调整混合模式：将上面的颜色和下面的颜色进行混合，得到相应的效果。

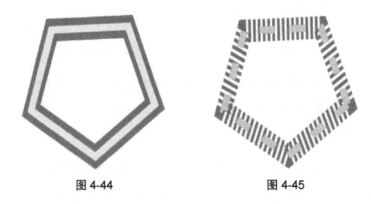

图 4-44　　　　　　　　　　　　图 4-45

（4）除了上述方法，还可以调整"合成"选项，调整相应的属性位置，当选中"在同组中前一个之下"时，将把该填充或描边调整到相同图层的下面，从而显示出上面的颜色属性。当选中"在同组中前一个之上"时，将把该填充或描边调整到相同图层组的上面。

4.6　使用路径操作改变形状

在形状图层添加按钮中，还会有很多属性，如图 4-46 所示。

图 4-46

4.6.1　形状组

1. 创建空的形状组

从"工具"面板或"时间轴"面板的"添加"菜单中选择"组（空）"。

2. 对形状或形状属性进行组合

选择"图层—组形状"或按 Ctrl+G 键，在对形状进行分组时，将组的锚点置于组的定界框中心。

3. 对形状或形状属性取消分组

选择一个组，并执行以下操作：选择"图层—取消组合形状"或按 Ctrl+Shift+G 键。

4.6.2　合并路径

"合并路径"操作将同一组中位于它上方的所有路径用作输入。输出是包含输入路径的单条路径。输入路径在"时间轴"面板中仍然可见，但它们实质上已从形状图层的渲染中移除，因此不会出现在"合成"面板中。如果填充和描边尚不存在，将在"时间轴"面板中"合并路径"属性组之后添加填充和描边，否则输出路径将不可见。

（1）在"形状图层"的"添加"选项中创建"矩形路径"和"椭圆路径"，如图 4-47 所示。

（2）在"形状图层"的"添加"选项中添加"合并"选项，如图 4-48 所示。

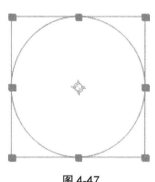

图 4-47

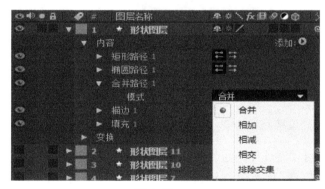

图 4-48

（3）"合并路径"共有 5 种模式，分别是"合并""相加""相减""相交"和"排除交集"。

合并：将所有输入路径合并为单个复合路径，如图 4-49 所示。

相加：创建环绕输入路径区域的并集路径，如图 4-50 所示。

相减：创建仅环绕由最上面的路径定义的区域的路径，减去由下面的路径定义的区域，如图 4-51 所示。

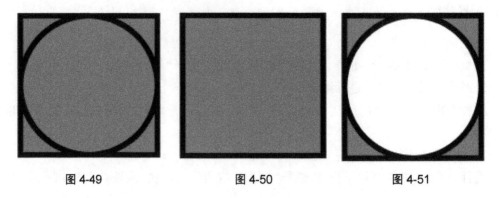

图 4-49　　　　　　　　图 4-50　　　　　　　　图 4-51

相交：创建仅环绕由所有输入路径的交集定义的区域的路径，如图 4-52 所示。

排除交集：创建路径，该路径是由所有输入路径定义的区域的并集减去所有输入路径之间的交集定义的区域，如图 4-53 所示。

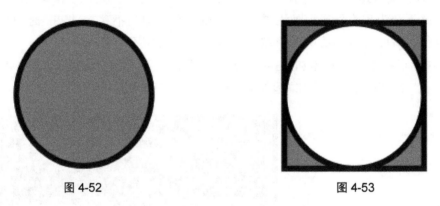

图 4-52　　　　　　　　　　　　　图 4-53

4.6.3　位移路径

可以通过使路径与原始路径发生位移来扩展或收缩形状，如图 4-54 所示。

数量：对于闭合路径，正"数量"值将扩展形状，负"数量"值将收缩形状，如图 4-55 所示。

线段连接："线段连接"属性指定位移路径段汇集在一起时路径的外观，有斜接连接（尖角连接）、圆角连接和斜面连接（方形连接）。

尖角限制："尖角限制"确定哪些情况下使用斜面连接而不是斜接连接。如果尖角限制是 4，则当点的长度达到描边粗细的 4 倍时，将改用斜面连接。如果尖角限制为 1，则产生斜面连接。

图 4-54 图 4-55

4.6.4 收缩和膨胀

在向内弯曲路径段的同时将路径的顶点向外拉(收缩),或者在向外弯曲路径段的同时将路径的顶点向内拉(膨胀),如图 4-56 所示。可以通过改变"数量"数值制作不同的动画效果。

(1)在"形状图层"添加"矩形 1"图形,改变"数量"数值为"186",出现如图 4-57 所示的效果。

在"形状图层"上创建"调整图层",添加"CC Kaleida(万花筒)"特效。设置"数量"在第 0 帧为"-77",2 秒时为"300",如图 4-58 所示,出现图 4-59 到图 4-60 万花筒的变化效果。

图 4-56 图 4-57

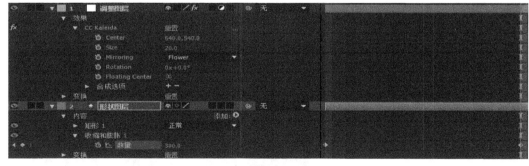

图 4-58

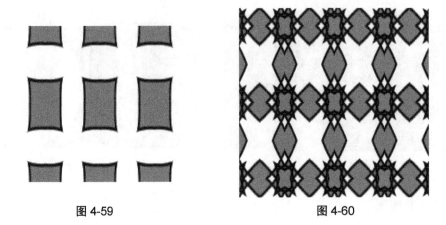

图 4-59　　　　　　　　　　　　　　　　　　　　　　图 4-60

4.6.5　中继器

"中继器"路径操作创建同一组中位于形状上面的所有路径、描边和填充的虚拟副本。"中继器"功能非常强大,应用很广。

副本:"副本"是复制的副本数。

偏移:"偏移"属性值用于使变换偏移特定的副本数。例如,如果"副本"值是 10,并且"位移"值是 3,则原始形状将变换 3 次,变换的量在"变换"属性组中指定,最后一个副本将变换 12 次,变换的量也在"变换"属性组中指定。

合成:"合成"选项确定副本是在它前面的副本上面(前面)还是下面(后面)渲染。

起始点不透明度:设置原始形状的不透明度。

结束点不透明度:设置最后一个副本的不透明度,副本之间的不透明度值将予以插补。

(1)在"形状图层"下创建"多边形路径",填充效果如图 4-61 所示。

(2)添加"中继器",设置"副本"为 10.0,"变换"属性中"位置"为(116.0,0.0),旋转为 0x+9.0°。"起始点不透明度"为 100.0%,"结束点不透明度"为 14.0%,如图 4-62 所示。

(3)最后得到效果如图 4-63 所示。

(4)可以继续为"多边形路径"添加中继器,例如添加"中继器 2","副本"为 2,多边形路径的个数将是"中继器 1"中的 2 倍,如图 4-64 所示。

图 4-61　　　　　　　　　　　　　　　　　　　　　图 4-62

图 4-63

图 4-64

提示

如果原始形状的编号为 0,下一个副本的编号为 1,依此类推,则中继器的结果是将"变换"属性组中的每个变换向副本编号 n 应用 n 次。

考虑应用于某个形状的中继器示例,其中"副本"值设置为 10,中继器的变换属性组中的"位置"属性设置为 (0.0, 8.0)。原始形状将保留在其原始位置 (0.0, 0.0)。第一个副本出现在 (0.0, 8.0),第二个副本出现在 (0.0, 16.0),第三个副本出现在 (0.0, 24.0),依此类推,直到第九个副本出现在 (0.0, 72.0),总共为 10 个形状。

如果将中继器放置在形状的路径之后、填充和描边属性组之上,则这组虚拟副本将作为复合路径予以填充或描边。如果将中继器放在填充和描边下面,则每个副本将单独填充和描边。对于渐变填充和描边,差异最为明显。

在"中继器"操作之后添加"摆动变换"路径操作,以便随机分布(摆动)中继器实例内重复副本的位置、缩放、锚点或旋转。如果"摆动变换"路径操作先于(高于)"中继器"路径操作,则所有重复形状将以相同方式摆动(随机分布)。如果"中继器"路径操作先于(高于)"摆动变换"路径操作,则每个重复的形状都将独立摆动(随机分布)。

4.6.6　圆角

路径的圆角半径值越大,圆度越大。

(1)在"形状图层"下创建"多边星形"和"矩形",如图 4-65 所示。

(2)设置"圆角"的"半径"为 400,效果如图 4-66 所示。

图 4-65

图 4-66

4.6.7　修剪路径

动画显示"开始""结束"和"偏移"属性以修剪路径,从而创建类似于使用绘画描边的"写入"效果和"写入"设置实现的结果。如果"修剪路径"路径操作位于组中多个路径的下面,则可以选择同时修剪这些路径,或者将这些路径看做复合路径并单独修剪。

（1）在"形状图层"下设置"椭圆路径","描边宽度"为 66.0,虚线为 72.0,如图 4-67 所示。

（2）添加"修剪路径",在 0 帧处设置"开始"关键帧为 0.0%,在第 1 秒处设置关键帧为 90%,动画效果变化如图 4-68 和图 4-69 所示。

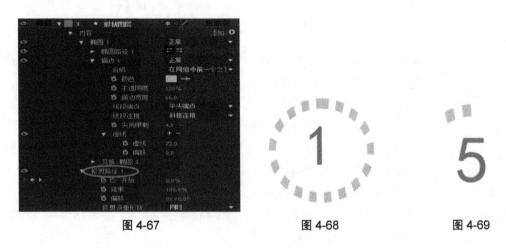

图 4-67　　　　　　　　　图 4-68　　　　　　　　　图 4-69

4.6.8　扭转

扭转路径,中心的扭转幅度比边缘的扭转幅度大。输入正值将顺时针扭转;输入负值将逆时针扭转。

（1）在"形状图层"下创建"多边星形路径",如图 4-70 所示。

（2）添加"扭转"属性,设置角度为 25,效果如图 4-71 所示。

图 4-70　　　　　　　　　　　　　　　图 4-71

4.6.9　摆动路径

"摆动路径"将路径转换为一系列大小不等的锯齿状尖峰和凹谷,随机分布（摆动）路径。扭曲是自动进行动画显示的,这意味着它随时间推移而更改,无须设置任何关键帧或添加表达式。

大小:动画显示"大小"属性可减弱上下摆动幅度。

详细信息:该值越大,则产生的锯齿越多。

关联:"关联"属性指定顶点的运动与其邻点的运动之间的相似程度;值越小,锯齿效果越明显,因为顶点的位置对其邻点位置的依赖程度更小。使用绝对大小或相对大小设置路径段的最大长度。设置锯齿边缘的密度(细节),并在圆滑边缘(平滑)和尖锐边缘(边角)之间做出选择。要平滑地增加或减小摆动速度,将"摇摆 / 秒"设置为固定值 0,并动画显示"时间相位"属性。

(1)在"形状图层"下创建"矩形",如图 4-72 所示。

(2)添加"摆动路径"属性,设置"大小"为 78.0,"详细信息"为 12.0,"点"为平滑,"摇摆 / 秒"为 35.0,如图 4-73 所示,最后效果如图 4-74 所示。

图 4-72 图 4-73

图 4-74

4.6.10 摆动变换

"摆动变换"随机分布(摆动)路径的位置、锚点、缩放和旋转变换的任意组合,表示每一个变换所需的摆动幅度,方法是在"摆动变换"属性组中包含的"变换"属性组中设置一个值。摆动变换是自动进行动画显示的,这意味着它们随时间推移而更改,无须设置任何关键帧或添加表达式。"摆动变换"操作尤其适用于在"中继器"操作之后使用,因为它允许分别随机化每个重复的形状。"摆动变换"是形状图层中非常重要的属性,在后面介绍的实例中将继续讲解。相关参数如下。

关联:"关联"属性指定一组重复形状内某个重复的形状与其邻居的摆动变换之间的相似程度。仅当"中继器"操作先于"摆动变换"操作发生时,关联才有意义。当"关联"为100% 时,所有重复的项以相同方式变换;当关联为 0% 时,所有重复的项将分别变换。

位置:改变"位置"属性中的 x、y 值,可以产生动画效果。

旋转:改变动画运动的旋转角度。

(1)在"形状图层"下创建"多边星形",如图 4-75 所示。

(2)添加"摆动变换",将"变换"属性中的"位置"设置为"500.0,100.0","旋转"设置为 0x+330.0°,如图 4-76 所示,观察动画效果。

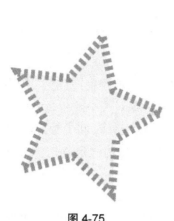

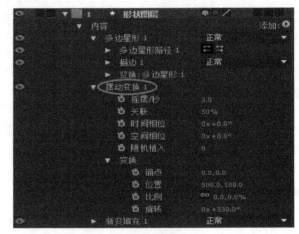

图 4-75　　　　　　　　　　　　　　　　　　　图 4-76

提示

当随机化重复形状时，如果"摆动变换"路径操作位于"中继器"路径操作之前（之上），则所有重复的形状都将以相同的方式摆动（随机化）。如果"中继器"路径操作先于（高于）"摆动变换"路径操作，则每个重复的形状都将独立摆动（随机分布）。

4.6.11　Z 字形锯齿

"Z 字形锯齿"将路径转换为一系列统一大小的锯齿状尖峰和凹谷，相关参数如下。

大小：设置尖峰与凹谷之间的长度。

每段的背脊：设置每个路径段的脊状数量。

点：在波形边缘（平滑）或锯齿边缘（边角）之间做出选择。

（1）在"形状图层"下创建"椭圆形"，如图 4-77 所示。

（2）添加"锯齿"属性，设置"大小"为"30.0"，"每段的背脊"为"10.0"，"点"为"边角"，如图 4-78 所示，效果如图 4-79 所示。

图 4-77　　　　　　　　　　图 4-78　　　　　　　　　　图 4-79

4.7　案例 1

（1）制作小河，按 Ctrl+N 键新建一个合成。合成的设置如图 4-80 所示。

（2）在"时间轴"面板中选"新建 > 形状图层"命令，创建形状图层，将背景设置为白色，命名为"背景"。

（3）在工具栏中选择钢笔工具 ，在"合成"面板中绘制如图 4-81 所示的图形。

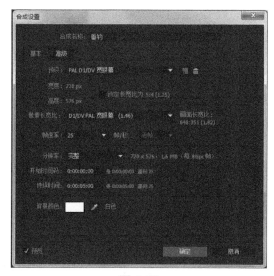

图 4-80

图 4-81

（4）矢量对象画好以后，可以看到，上方的填充选项栏被激活。这里绘制的是一片蓝天，所以要将矢量对象设为有渐变过渡效果的蓝色。单击"填充"按钮，弹出如图 4-82 所示的对话框。

（5）在"填充"中选择"线性渐变"，单击"确定"按钮退出。单击"填充"旁的颜色块，弹出"渐变填充"对话框，设置一个由天蓝到淡蓝的渐变过渡。

（6）在矢量对象的约束框内出现由两个小圆控制点组成的直线。这条线控制着渐变的方向和位置。分别调整控制点，将直线改为垂直，拖动并观察渐变的效果，至满意位置，如图 4-83 所示。

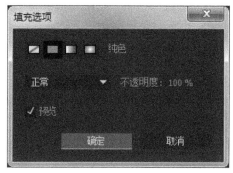

图 4-82

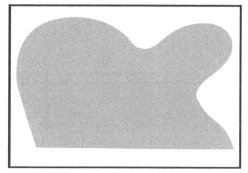

图 4-83

（7）天空制作完毕，接下来制作河流。展开该层的"内容"属性，将刚才建立的矢量图形改名为"天空"。

（8）选中"背景"层，继续选择钢笔工具 ，绘制如图 4-84 所示的河流，并在"时间轴"

面板中将其改名为"小河"。

（9）单击工具栏上方的"填充"颜色块,将渐变方式改为"径向渐变",设为蓝色到黑色的渐变,并扩大蓝色范围。

（10）继续绘制如图 4-85 所示的 3 个矢量对象,构成一座小桥。注意它们的排列问题,先画里面的桥墩,然后是桥面,最后是靠外边的桥墩。

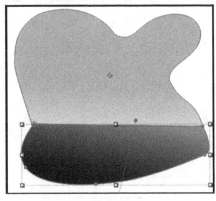

图 4-84

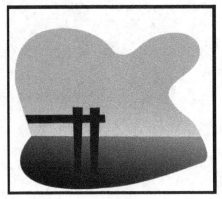

图 4-85

（11）让桥墩插在水中的部分变暗。在形状图层中选择"小河",将其拖动到新建的 3 个矢量对象上方,将其层模式设为"变暗",如图 4-86 所示,在河流中的桥墩变暗了。

（12）下面为了方便操作,把 3 个组成桥的矢量对象组合在一起。After Effects 提供了群组 Sharp 的功能,这个功能的好处是,既可以单独操作每个矢量对象,又可以将群组内的矢量对象看成一个整体操作。选择形状对象 1、2、3,按 Ctrl+G 键,将其组合成一个群组,并改名为"桥"。

（13）制作太阳。选择层"背景",在工具栏中选择星形工具⭐,在"合成"面板中绘制星形,选择径向渐变填充。

（14）在"时间轴"面板中展开"星形"的"星形路径"属性,将"点"参数设为 45,"内径"参数设为 75,"外径"参数设为 255,"内圆度"设为 210,效果如图 4-87 所示,然后将矢量对象"星形"改名为"太阳"。

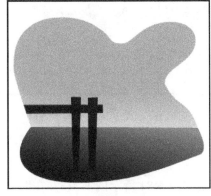

图 4-86

图 4-87

（15）为"小河"增加一点波浪效果。选择图形"小河"，单击模式面板的"添加"按钮，在弹出的下拉列表中选择"Z 字形"，这个效果可以为图形产生涟漪。在"点"下拉列表中选择"平滑"，产生一个平滑的涟漪。在影片开始位置激活"每段的背脊"参数的关键帧记录器，将其设为 0。移动时间指示器至影片的中间位置，将该参数设为 4，到影片的结束位置将该参数设为 0，效果如图 4-88 所示。

（16）创建人物，新建一个"形状图层"。在"时间轴"面板的空白区域单击鼠标右键，选择菜单命令"新建—形状图层"。合成中出现新的"形状图层"，将其改名为"人物"。

（17）绘制人脸。选择钢笔工具![钢笔工具]，创建如图 4-89 所示的人脸，将其填充模式设为单色，并选择肉色填充。

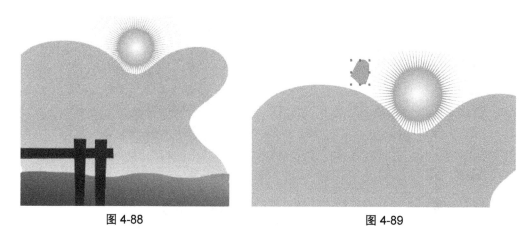

图 4-88　　　　　　　　　　　　　　　图 4-89

（18）画人脸上的阴影。沿着人物脸部轮廓画阴影，效果如图 4-90 所示。将阴影设为褐色。注意画的时候让阴影靠近脖子和发根的地方大一些，这样可以挡住下面的脸，不至于脸露出来穿帮。后面画阴影的时候，都遵循这个原则。

（19）画出鼻子，如图 4-91 所示。

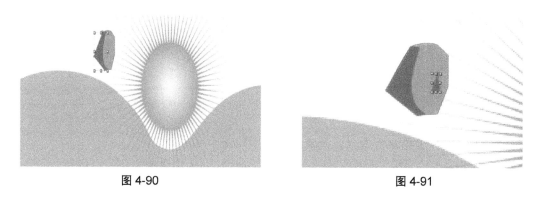

图 4-90　　　　　　　　　　　　　　　图 4-91

（20）用黑色到白色辐射渐变来表现头发发光的光感，如图 4-92 所示，调整渐变的控制线。

（21）头部到这里绘制完毕了，分别将这几个矢量对象改名为"面孔""阴影""鼻子""头发"等。

（22）选择头部的所有元素，按 Ctrl+G 键，将其合成一个"组"，并改名为"头部"。

（23）按照上面的方法绘制身体，如图 4-93 所示。在绘制时应注意创建的顺序，或在绘制完毕后改变上下顺序来修改遮挡关系。

（24）继续绘制身体服装的阴影部分，如图 4-94 所示。

（25）绘制鱼竿，如图 4-95 所示。

（26）选择所有矢量对象 (除"头部")，按 Ctrl+G 键，群组图形，并更名为"身体"。

（27）"钓鱼"图形创建完毕。

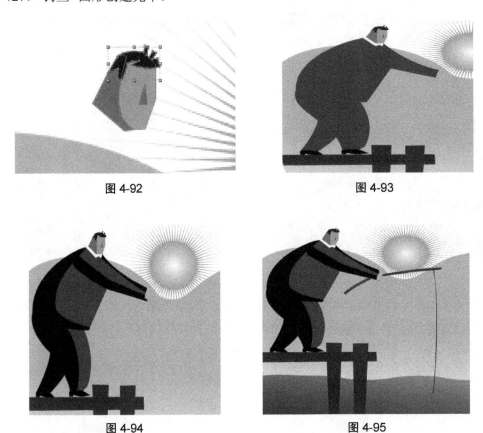

图 4-92　　　　　　　　　　　　　　　　　图 4-93

图 4-94　　　　　　　　　　　　　　　　　图 4-95

4.8　案例 2

（1）按 Ctrl+N 键新建一个合成。合成的设置如图 4-96 所示。

（2）在"时间轴"面板中选"新建—形状图层"命令，创建形状图层，将背景设置为黑色。

（3）在"形状图层"下创建"椭圆"，设置渐变填充如图 4-97 所示。渐变为"径向渐变"，"描边颜色"为紫色█，"宽度"为 4。效果如图 4-98 所示。

（4）在"椭圆"下添加"中继器"属性，设置"副本"为"18.0"，"变换"属性下"位置"为"0.0, 0.0"，"旋转"为"0x+20.0°"，如图 4-99 和图 4-100 所示。

图 4-96

图 4-97

图 4-98

图 4-99

图 4-100

（5）设置"椭圆路径"的"大小"为"58.0,280.0"，"位置"为"0.0,-194.0"，"渐变填充"的混合模式为"叠加"模式，如图 4-101 和图 4-102 所示。

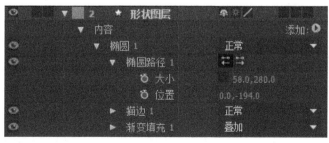

图 4-101

图 4-102

（6）在"椭圆"下添加"摆动变换"属性，设置"变换"属性下"位置"为"0.0,20.0"，"比例"为"50.0,50.0%"，"旋转"为"0x+30.0°"，如图 4-103 所示，效果如图 4-104 所示。

图 4-103

图 4-104

（7）"摆动变换"属性在"中继器"属性之下，则出现如图 4-105 所示的效果。

（8）在"形状图层"下添加"中继器"，"副本"为"15.0"，"位置"为"71.0，-4.0"，"比例"为"78.0，78.0%"，"旋转"为"0x+112.0°"，"开始透明度"为 100%，"终点透明度"为 74.0%，如图 4-106 所示，则实现如图 4-107 所示的"繁花簇锦"的动画效果。

图 4-105　　　　　　　　　　　　　　　　　图 4-106

图 4-107

4.9 本章复习

（1）如何创建形状图层？

（2）"渐变填充"有几种方式，分别如何设置？

（3）在矢量图层下创建一个"圆形"，连续添加 4 次"中继器"，将"副本"设置为 5，调整 "结束点不透明度"为 50%，会有什么样的效果？

（4）"摆动变换"属性中，需要设置哪些参数能够实现动画效果？

第 5 章　三维图层

5.1　什么是三维空间

众所周知，After Effects CC 是一款非常优秀的二维合成与特效软件，它主要为场景的合成与特效服务。After Effects CC 的三维空间模块是一个非常大的模块，其重要性不亚于其他任何模块。没有三维空间模块，就无法在 After Effects CC 中搭建场景，创建合成。

随着电影特效的出现，很多人都被画面中天旋地转的三维镜头搞得瞠目结舌。除了那些模拟真实世界的动画外，连那些极具风格的 flash 动画都成了三维的了，三维化成了影视及特效制作发展的趋势。

说到三维，首先需要对三维空间有个感观认识。我们在日常生活中通过肉眼看到的物体都是处于一个三维空间中的。所谓三维空间，是在二维的基础上结合光影及角度的概念而形成的。例如，画中的图像，它并不具有深度，无论怎样旋转、变换角度，它都不会产生变化，它只是由 X、Y 两个坐标轴构成。如果是一个物体，在旋转它，或改变观察视角时所观察的内容将有所不同。三维空间中的对象会与其所处的空间互相影响，例如产生阴影、遮挡等。而且由于观察视角的关系，还会产生透视、聚焦等影响，就是我们平常所说的近大远小、近实远虚的感觉。

三维建模和动画软件有很多，例如 Catia、Maya、3dsMax、Alias、Rhino、UG 等。After Effects 和这些软件有所不同，After Effects 中的 Combustion 虽然具有三维空间的合成功能，但它还是一个特效合成软件，所以，After Effects 并不具备三维建模能力。层就像是前边例子中的画纸，可以对其进行三维空间中的位置、角度等变化属性进行设置，也可以通过对三维空间中的层进行拼接，产生一些简单的三维物体。

5.2　预备知识

1. 三维图层的定义

常规的二维图层有一个 X 轴和一个 Y 轴，X 轴定义图像水平方向的宽度，Y 轴定义图像上下方向的高度。而在三维图层中，多了一个 Z 轴，X 轴和 Y 轴形成一个平面，而 Z 轴是与这个平面垂直的轴向。这就使得对象不仅可以在 X 轴和 Y 轴组成的平面上运动，还可以在 Z 轴上做纵深运动，综合起来就像在真正空间中运动一样。

2. 三维坐标系统

在对三维对象进行控制的时候，需要根据某一轴向对物体的属性进行改变，在 After Effects 中，提供了 3 种坐标轴系统，它们分别是 Local Axis Mode(当前坐标系)、World Axis

Mode（世界坐标系）和 View Axis Mode(视图坐标系)。

Local Axis Mode(当前坐标系) ：它采用对象自身的表面作为坐标系对齐的依据，这对于当前选择的对象与世界坐标系不一致时特别有帮助，用户可以通过调节 Local Axis Mode(当前坐标系) 的轴向以对齐世界坐标系，调整对象的摆放位置。

World Axis Mode（世界坐标系）：它对齐于合成空间中的绝对坐标系，不管怎么旋转三维图层，它的坐标轴始终对齐于三维空间的三维坐标系，X 轴始终沿着水平方向延伸，Y 轴始终沿着垂直方向延伸，而 Z 轴始终沿着纵深方向延伸。

View Axis Mode(视图坐标系)：它对齐于用户选择观看的视图的轴向。例如在自定义视图中对一个三维图层进行了旋转操作，并且后来还对该三维图层进行了各种变换操作，但它的轴向最终还是垂直对应于用户的视图。

5.2.1 三维摄像机动画

利用 After Effects 中三维空间的概念，充分利用空间的布局与图片的位置进行排列，做出图片空间排列的动画，再与摄像机相结合做出最终效果，从而能够理解与掌握三维空间的概念以及摄像机的运用。

5.2.2 恢复默认设置

为了实现操作过程的一致性，首先要恢复 After Effects 程序的默认设置。启动 After Effects 时按下 Ctrl+Alt+Shift 键，系统询问是否删除首选项文件时，单击"确定"按钮（图 5-1）。选择菜单"文件—另存为—另存为"命令，弹出"另存为"对话框，导航至相关保存路径，将项目命名为"三维摄像机动画 .aep"，然后单击"保存"按钮，完成对项目的重命名及保存。

图 5-1

5.2.3 导入素材

下面为新打开的项目导入素材。双击"项目"面板的空白处打开"导入文件"对话框。导航到"光盘 \ 第 5 章 \ 素材"文件夹下，选择"1.jpg"至"10.jpg"文件，在"导入为"项下拉菜单中选择"素材"，注意不要勾选"JPEG 序列"，然后单击"导入"按钮（图 5-2）。

5.2.4 操作流程

（1）建立大小为 1280×720 的合成层，命名为"总合成"，时长为 6 秒（图 5-3）。
（2）导入素材图片 1 至 10, 共 10 张汽车展示图。
（3）新建纯色层，调用菜单"效果—生成—梯度渐变"特效，位置见图 5-4。

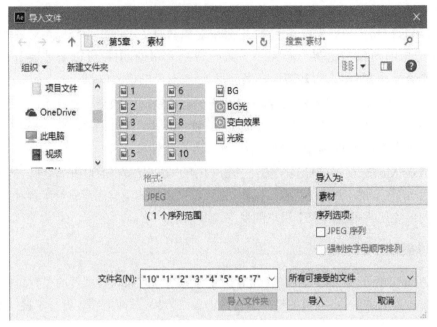

图 5-2

图 5-3

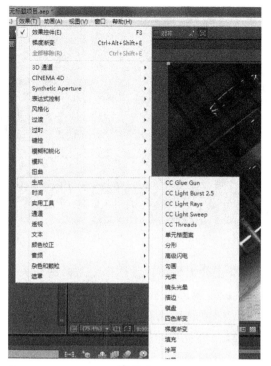

图 5-4

（4）调节渐变特效的参数，效果及参数见图 5-5。

图 5-5

（5）将素材图片 1 至 10 拖入时间轴中，放到渐变背景层之上，并打开 3D 图层属性，对其进行缩放处理，使其缩放大小变为原来的 35%，效果见图 5-6。

（6）修改合成窗口的视图方案为"2 视图 - 左右"方式，使左边视图为顶视图，右边为活动摄像机视图，见图 5-7。

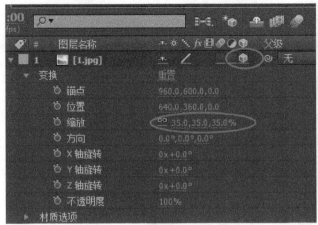
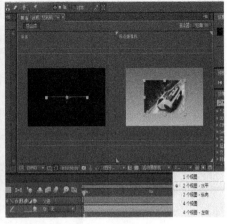

图 5-6   图 5-7

（7）选中图片 1，在顶视图中会出现图片 1 的 3 个方向的箭头，向上移动蓝色的 Z 轴，使图片 1 在空间位置向后移动，位置效果如图 5-8 所示。

（8）选中图片 2，按 P 键（位置属性），再按 Shift+R 键（旋转属性），展开位置和旋转属性，为位置和 Y 轴旋转打关键帧，修改 Y 轴旋转为 -15°，移动位置如图 5-9 所示。

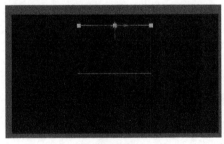
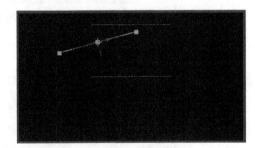

图 5-8   图 5-9

（9）选中图片 3，同样按 P 键（位置属性），再按 Shift+R 键（旋转属性），展开位置和旋转属性，为位置和 Y 轴旋转打关键帧，修改 Y 轴旋转为 15°，移动位置如图 5-10 所示。

（10）不对图片 10 进行设置，摆在原位不动，把它隐藏显示，对图片 4~9 进行摆位和旋转的设置，效果如图 5-11 所示。

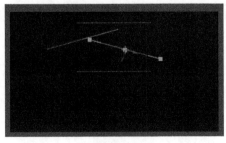
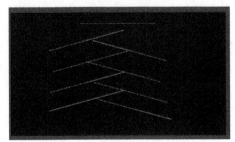

图 5-10   图 5-11

（11）然后分别对第 2 至第 9 张图片位移进行关键帧动画制作，方法是选中图片 2，按 U

键展开其位置和 Y 轴旋转的关键帧,将两个关键帧移动到时间轴 10 帧位置,将时间指针移至 0 帧,图片 2 的位置在顶视图上,将红色的 X 轴向左移出画面,效果见图 5-12。

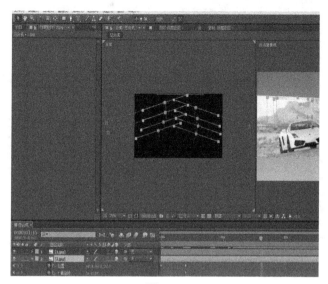

图 5-12

　　(12)继续选中图片 3,按 U 键展开其位置和 Y 轴旋转的关键帧,将两个关键帧移动到时间轴 20 帧位置,将时间指针移至 10 帧,图片 3 的位置在顶视图上,将红色的 X 轴向右移出画面,效果见图 5-13。

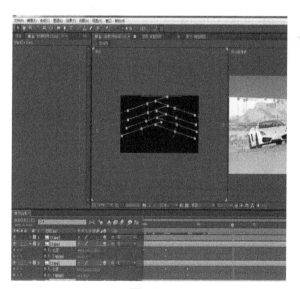

图 5-13

　　(13)按照同样的方法制作图片 4~9 的动画效果,使每个图片能够依次产生动画,见图 5-14。

图 5-14

(14)预览动画图片 2~9,进行插入动画。

(15)建立 35 mm 摄像机,见图 5-15 和 5-16。

图 5-15　　　　　　　　　　　　　　　　图 5-16

(16)对摄像机的位置进行动画关键帧设置,展开摄像机的"目标兴趣点"和"位置"属性,快捷键是 A 和 P,在时间轴 80 帧位置为这两个参数打关键帧,将时间指针移回 0 帧,在顶视图上选择摄像机位置,蓝色 Z 轴向上移动,位置见图 5-17。

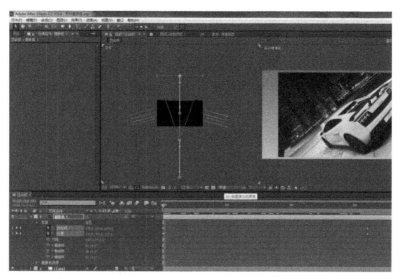

图 5-17

（17）按小键盘 0 键预览整个完成后的动画，按 Ctrl+S 键保存最终结果。

5.3　三维空间文字

利用 After Effects 中图层的 3D 模式结合简单的表达式可以模拟出简单的 3D 效果，这样制作的 Logo 不仅真实而且具有质感，相较平面的效果要好得多（图 5-18）。

图 5-18

5.3.1　恢复默认设置

为了实现操作过程的一致性，首先要恢复 After Effects 程序的默认设置。启动 After Effects 时按下 Ctrl+Alt+Shift 键，系统询问是否删除首选项文件时，单击"确定"按钮（图 5-19）。选择菜单"文件—另存为—另存为"命令，弹出"另存为"对话框，导航至相关保存路径，将项目命名为"三维空间文字 .aep"，然后单击"保存"按钮，完成对项目的重命名及保存。

5.3.2　导入素材

下面为新打开的项目导入素材。双击"项目"面板的空白处打开"导入文件—多个文件"对话框，导航到"光盘\第 5 章\素材"文件夹下，选择"BG 光 .mov"文件，在"导入为"项下拉菜单中选择"素材"，然后单击"导入"按钮（图 5-20）。

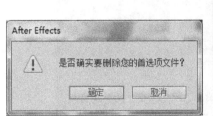

图 5-19　　　　　　　　　　　　　　图 5-20

5.3.3　操作流程

（1）建立大小为 1280×720 的合成层，命名为"总合成"，将续时间为 6 秒（图 5-21）。

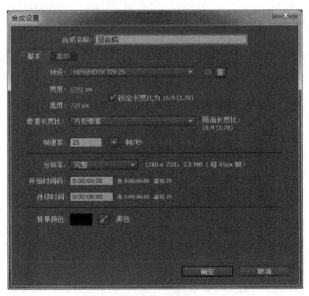

图 5-21

（2）建立文字层 After Effect，大小为 140，白色加粗，微软雅黑字体，属性设置见图 5-22。

图 5-22

（3）按 Ctrl+D 键，对文字层 After Effect 复制两次，分别命名为 After Effect 2 和 After Effect 3（图 5-23）。

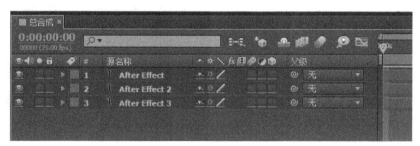

图 5-23

（4）对文字层 After Effect 2 的图层描边大小进行修改，将描边大小改成 7（图 5-24）。

（5）对文字层 After Effect 3 的图层描边大小进行修改，将描边大小改成 10（图 5-25）。

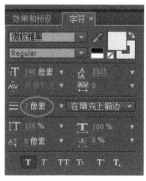
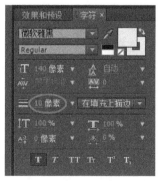

图 5-24　　　　　　　　　　　　　　　图 5-25

（6）对文字层 After Effect 3 与 After Effect 2 进行图层遮罩的读取，使文字层 After Effect 3 读取文字层 After Effect 2 的"亮度反转遮罩"。提示：如果没有出现轨道遮罩选项，按 F4 键（图 5-26）。

图 5-26

（7）在"合成面板"中得到如图效果的文字（图 5-27）。

（8）对文字层 After Effect、After Effect 2、After Effect3 进行预合成组合，方法是选中 3 个图层按 Ctrl+Shift+C 键，生成新的合成层，命名为"文字"（图 5-28）。

图 5-27

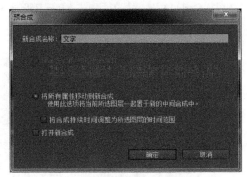

图 5-28

（9）新建纯色层，命名为"表达式滑块层"（图 5-29），并对其调用"效果"菜单下的"表达式控制"选项中的"滑块控制"命令（图 5-30）。

图 5-29

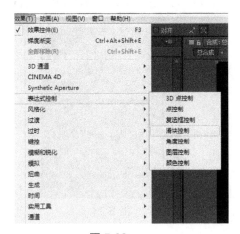

图 5-30

（10）展开"表达式滑块层"的滑块控制效果中的"滑块"属性，修改光标数值为 8（图 5-31）。

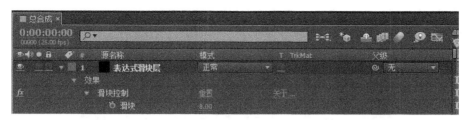

图 5-31

（11）对"文字"合成层加入 3D 层属性，并对其位移属性值输入表达式，方法是按 P 键展开文字合成的位置属性，按 Alt 键同时单击位置属性前的小码表（图 5-32）。

图 5-32

（12）将"表达式滑块层"图层放到文字合成下面，修改表达式为：value+[0,0,index*thisComp.layer("表达式滑块层").effect("滑块控制")("滑块")]。这里可以先输入 value+[0,0,index*，然后拖动 表达式：位置 ＝卜◎〇 中的 ◎ 到"表达式滑块层"的滑块控制效果中的"滑块"属性上，然后再加一个]，结束语句的编写，见图 5-33。

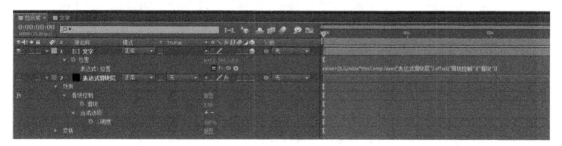

图 5-33

（13）复制 6 次文字合成层，即可得到在 Z 轴空间内有位移差的文字层效果（图 5-34）。

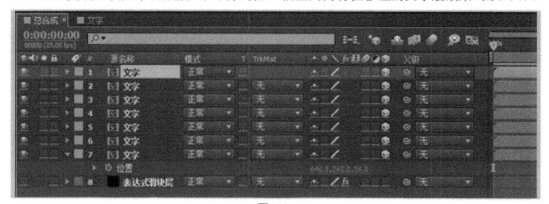

图 5-34

　　(14)加入摄像机层并调整摄像机层的摄像机角度,方法是按工具栏的 ,在合成窗口中进行拖动来旋转摄像机镜头,使文字效果更加有立体感(图 5-35)。

图 5-35

　　(15)新建空白对象,打开 3D 开关,把空白对象位置移动到文字层的中心,并使所有的文字合成层与空白对象层做父子链接(图 5-36)。

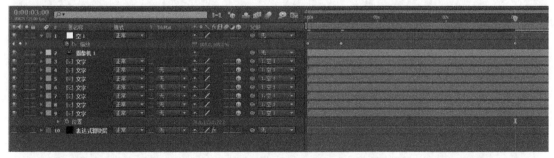

图 5-36

　　(16)对空白 1 层的缩放属性进行关键帧设置,使其在 0 秒 0 帧时缩放大小为 4290%,在 12 帧缩放大小为 100%,并在 3 秒缩放大小为 105%,按 N 键设置预览结束点(图 5-37)。

图 5-37

　　(17)建立调整层,选择菜单"新建—调整图层"(图 5-38),并对调整层调用菜单"效果—生成—填充"特效,对调整层上的填充特效进行颜色调节,修改为青色,注意这里要用鼠标左键单击关闭"表达式滑块层"图层前的眼睛图标,使其隐藏(图 5-39)。

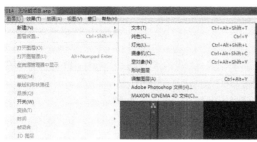

图 5-38　　　　　　　　　　　　　　　　图 5-39

（18）继续添加"效果—风格化—发光"特效，使其达到如图 5-40 所示的效果。

图 5-40

（19）选择所有图层，按 Ctrl+Shift+C 键打一个预合成，导入"BG 光"素材，放到预合成下面，完成预览，生成动画（图 5-41）。

图 5-41

（20）按小键盘 0 键预览整个完成后的动画，按 Ctrl+S 键保存最终结果。

5.4　三维空间解密

通过本节课程的学习，可以更加熟悉和理解 3D 空间概念，通过使用 3D 空间中的摄像机和 3D 空间与其他特效相结合，完成特效的制作（图 5-42）。

5.4.1　恢复默认设置

为了实现操作过程的一致性，首先要恢复 After Effects 程序的默认设置。启动 After Effects 时按下 Ctrl+Alt+Shift 键，系统询问是否删除首选项文件时，单击"确定"按钮（图 5-43）。选择菜单"文件—另存为—另存为"命令，弹出"另存为"对话框，导航至相关保存路径，将项目命名为"三维空间解密 .aep"，然后单击"保存"按钮，完成对项目的重命名及保存。

图 5-42

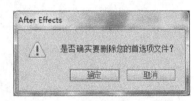

图 5-43

5.4.2　导入素材

下面为新打开的项目导入素材。双击"项目"面板的空白处打开"导入文件"对话框。导航到"光盘 \ 第 5 章 \ 素材"文件夹下，选择"BG.JPG""光斑 .JPG""变白效果 .mov"文件，在"导入为"项下拉菜单中选择"素材"，然后单击"导入"按钮（图 5-44）。

5.4.3　操作流程

（1）建立大小为 1280×720 的合成层，命名为"总合成"，时长为 6 秒（图 5-45）。

（2）导入图片素材 BG，拖入时间轴，按 S 键展开缩放属性，调整大小覆盖满屏（图 5-46）。

（3）调用菜单"效果—颜色校正—曲线"特效。

（4）对"曲线"特效进行调节，使其在 RGB 通道下的曲线数值和在 R ,G,B 单独通道下的曲线数值效果分别见图 5-47~ 图 5-50 所示。

图 5-44

图 5-45

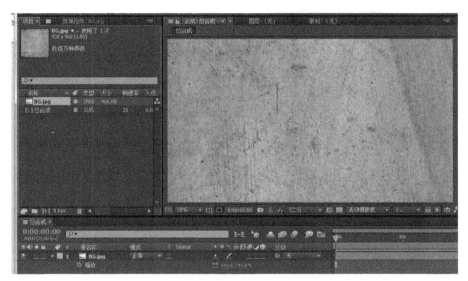

图 5-46

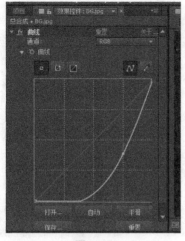

图 5-47

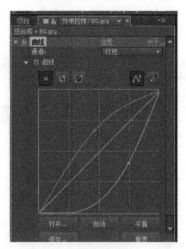

图 5-48

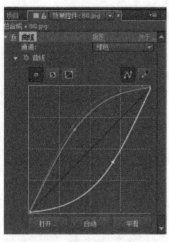

图 5-49

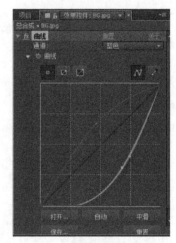

图 5-50

（5）在舞台中得到红色的 BG 素材，效果见图 5-51。

（6）选择菜单"新建（N）—调整图层（A）"（图 5-52）。

（7）在调整图层上加入椭圆蒙版，方法是双击工具栏中的⬤工具，即加入一个匹配合成的椭圆蒙版，在舞台中显示效果，见图 5-53，并对蒙版调用菜单"效果—颜色校正—曲线"特效，将颜色拉暗，见图 5-54。

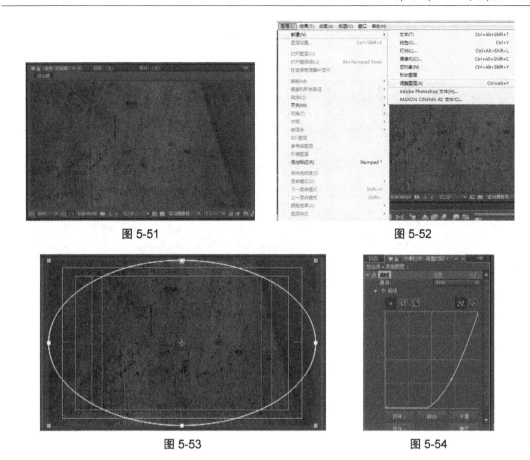

图 5-51 图 5-52

图 5-53 图 5-54

（8）展开时间轴上加入蒙版的调整图层下的蒙版属性，勾选反转前的小方框，并调节蒙版羽化值为 260 像素，在舞台中得到中间偏亮、四周为暗色的背景效果，效果见图 5-55。

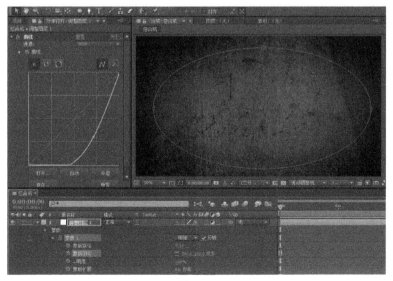

图 5-55

（9）导入图片素材光斑,调用菜单"效果—颜色校正—色阶"特效,对光斑层的色阶进行增强黑白对比度的调整（图 5-56）。

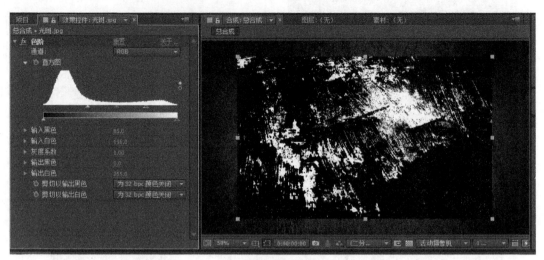

图 5-56

（10）对光斑素材层调用菜单"效果—通道—反转"特效。

（11）对光斑层的图层叠加模式进行调节,变为"颜色加深"（图 5-57）。

（12）按 Ctrl+ D 键复制光斑层 2 次得到 3 个光斑层,分别命名为光斑 1、光斑 2 和光斑 3（图 5-58）。

（13）对光斑层 1、光斑层 2 和光斑层 3 和 BG 素材层开启 3D 开关,并在两视图中顶视图下进行位置摆放,如图 5-59（由前至后依次为光斑层 1,光斑层 2,光斑层 3,BG 层）,使其在 Z 轴上产生空间差值。

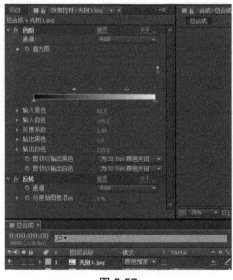

图 5-57

图 5-58

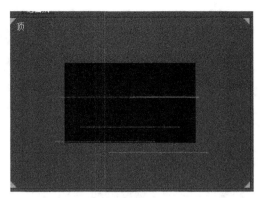

图 5-59

（14）简单调整光斑 1、光斑 2、光斑 3 的旋转属性（图 5-60），得到舞台中（图 5-61）的效果。

（15）加入摄像机层，对摄像机的兴趣点和摄像机位置进行关键帧设置，使其在 0 秒 0 帧至 2 秒做推镜效果，在 0 秒 0 帧位置给"目标兴趣点"和"位置"打关键帧，将时间指针移至 2 秒。在顶视图中，拖动摄像机蓝色的 Z 轴向上移动，直到观察光斑基本都出画，只显示 BG 图为止。但发现 BG 图很模糊，这时候需要选中 BG 图，展开位置移动 Z 轴位置，在顶视图中向上移动 Z 轴，直到 BG 图清晰为止，回到时间轴 0 帧处，发现镜头穿帮了，这时再将摄像机 Z 轴向上移动，摄像机和 BG 图位置的最终效果 0 秒时见图 5-62 所示，2 秒位置如图 5-63 所示。

图 5-60

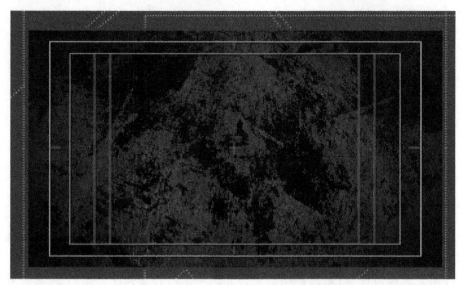

图 5-61

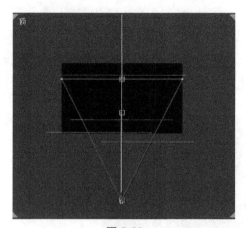

图 5-62

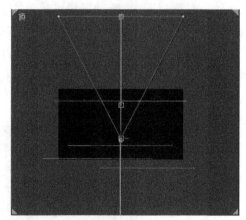

图 5-63

（16）按 Ctrl+ T 键调用文字工具，在"合成"面板中输入文字 After Effect（图 5-64）。

图 5-64

（17）导入视频素材"变白效果 .mov"，使视频开始动画，放置位置在时间轴 2 秒处（图
5-65）。

图 5-65

（18）让文字层读取视频素材"变白效果"的亮度遮罩（图 5-66）。

图 5-66

（19）按小键盘 0 键预览整个完成后的动画，按 Ctrl+S 键保存最终结果。

5.5　本章复习

（1）如何对三维空间进行设置？
（2）三维空间中素材的位置关系有哪些？

第 6 章　文字动画

6.1　After Effects 中的文字

提到影视特效,我们首先会想到的是影视作品中那些绚烂的光影特效。其实精心设计的文字动画也会给影片增色不少。与 Premiere 等剪辑软件不同,作为特效软件的 After Effects 提供了丰富的文字样式及动画处理方法,甚至可以将创建的文字动画存储在动画预设中,以便将其应用到其他项目中。

通过本章的学习,我们将了解如何创建和编辑文字,设置路径文字,使用动画预设,以及如何使用文字动画器制作复杂的动画效果。

6.1.1　恢复默认设置

为了实现操作过程的一致性,首先要恢复 After Effects 程序的默认设置。启动 After Effects 时按下 Ctrl+Alt+Shift 键,系统询问是否删除首选项文件时,单击"确定"按钮(图6-1)。选择菜单"文件—另存为—另存为"命令,弹出"另存为"对话框,导航至相关保存路径,将项目命名为"文字动画 .aep",然后单击"保存"按钮,完成对项目的重命名及保存。

图 6-1

6.1.2　创建合成

按快捷键 Ctrl + N 新建合成,在弹出的"合成设置"对话框中,将"预设"设为 PAL D1/DV,"持续时间"设为 05:00,单击"确定"按钮(图6-2)。

图 6-2

6.1.3　创建文字

创建文字的方法如下。

（1）在工具栏单击"文字工具"图标 T（快捷键 Ctrl + T）激活文字工具，在程序右侧会自动打开"字符"面板和"段落"面板。

如果没有显示"字符"面板和"段落"面板，则单击工具栏右侧的切换"字符"和"段落"面板图标 ，打开面板。如果希望每一次单击文字工具自动打开"字符"和"段落"面板，就勾选工具栏右侧的自动打开面板选项。用鼠标左键单击并按住文字工具，可选择横排文字工具和直排文字工具，默认为横排文字工具（图 6-3）。

图 6-3

（2）在"合成"面板中单击鼠标左键，在光标处输入"After Effects"，按小键盘上的回车键，完成文本输入（按主键盘的回车键为换行）。同时"时间轴"面板会创建一个名为"After Effects"的文字层（图 6-4）。

此时"合成"面板中的文字周围有一个边框（图 6-5），表示当前正处于图层模式。在选择"文字工具" T 的情况下，当鼠标移至"合成"面板中已存在的文字上方时，鼠标指针变为光标 ，表示可单击文字进行编辑。按住 Ctrl 键可临时切换为"选择工具" ，可在"合成"面板中拖动或缩放文字。

图 6-4   图 6-5

6.1.4　编辑文字属性

如果你使用过 Photoshop,那你就不会对 After Effects 的"字符"面板感到陌生。若要使用"字符"面板编辑文字属性,需要先在"合成"面板中选中要编辑的文字,使其高亮显示。或者在"时间轴"面板中选择要编辑的文字层,则在"字符"面板中做的修改将应用到整个图层。如果既没有选择指定文字,也没有选择相应文字层,则在"字符"面板中做的修改将在下一次文本输入时起作用。

"字符"面板(图 6-6)

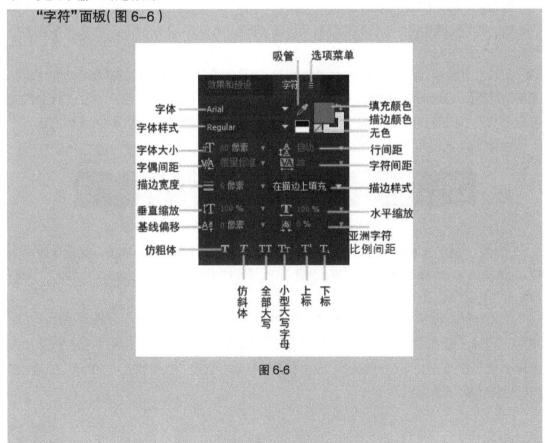

图 6-6

1）设置字体和样式

在选择文字之后，单击字体框右侧的下箭头可以打开字体下拉列表，从中选择需要的字体（图 6-7）。或者将光标放置在字体菜单名称上，按上下箭头键循环选择各种字体，并在"合成"面板中预览效果。对于英文字体，也可以输入一个字母跳转至以这个字母开头的第一个字体上，再按下箭头键选择字体，但这种方法对中文字体无效。

字体样式的选择方法与设置字体相同（图 6-8），这里要说明的是，并不是所有的字体都有样式。对于没有加粗或斜体样式的字体可通过单击"字符"面板底部的仿粗体和仿斜体图标进行设置。

2）设置颜色

设置文字填充颜色，需要单击填充颜色样本框，使其位于描边颜色样本框之上，在弹出的"文本颜色"对话框中选择需要的颜色。同样，若设置文字描边颜色，需要单击并前置"描边颜色"样本框，再单击设置颜色。也可以使用吸管工具在屏幕的任意位置拾取颜色，来为文字或描边快速设置颜色。可通过单击无色图标来关闭文字或描边颜色，但不可同时关闭文字颜色和描边颜色（图 6-9）。

图 6-7　　　　　　　　图 6-8

激活文字填充颜色　　　激活描边颜色　　　　无色图标

图 6-9

3）设置字号

字号单位为像素，可以单击并输入相应的数值来设置文字大小，或者通过在数值上单击并拖动鼠标来修改数值（按住 Ctrl 键拖动鼠标为细微调节），也可以在下拉列表中选择一个预设值。由于文字是矢量图形，无论修改字号还是调整文字层的缩放属性，都不会影响文字的清晰度。

4）设置间距

文字间距包括行间距、字符间距和字偶间距。

行间距 ⚎ ：用于设定多行文字之间的距离，设置方法与设置字号相同。

字符间距 ⚎ ：是指一组文字之间的距离。设置字符间距需要选择若干字符或者点选整个文字层才可进行，默认值为 0。选择文字之后，可按 Alt 键 + 左右箭头键进行快捷设置。

字偶间距 ⚎ ：是指两个文字之间的距离。设置字偶间距需要使用文字工具在两个字符之间单击插入光标，再设置相应数值。因为一些高品质的字体具备自动调整边距的功能，所以默认值为度量标准字偶间距。

5）设置描边

在选择文字或文字层的前提下，通过改变描边宽度的数值来调整描边的宽度。

描边样式用于定义填充和描边层叠的渲染方式，也就是描边在上还是填充在上（图6-10）。

在描边上填充

在填充上描边

全部填充在全部描边之上

全部描边在全部填充之上

图 6-10

文字描边的拐角处默认为尖角，可通过在"字符"面板顶端的选项菜单进行修改，使其变得柔和（图6-11）。

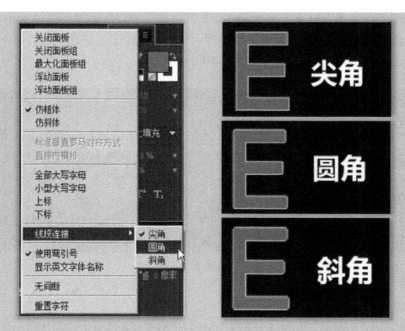

图 6-11

6）文本缩放

包括垂直缩放 T 和水平缩放 T，在选择文字的情况下，可以输入新的百分比数值，或拖动修改数值。

7）基线偏移 A

通过调整基线偏移值来控制所选文本与其基线之间的距离，默认值为 0，正值为向上偏移，负值为向下偏移。通过提升或降低选定文本可创建上标或下标。

8）比例间距

用来处理中文、日语和朝鲜语等双字节字符的比例间距，修改数值后字符不会被拉伸，字符周围的空间按比例缩减，值越大间距越小。

下面对刚才输入的文字进行属性设置。

在"时间轴"面板中点选文字层。

在"字符"面板的字体项下拉列表中选择"Arial"。

在字体样式下拉列表中选择"Regular"。

将字体大小设为"60"像素。

将填充颜色设为"蓝色"，描边颜色设为"白色"。

字符间距设为"28"。

描边宽度设为"6"像素。

描边样式设为"在描边上填充"。

单击"字符"面板右上角选项菜单，选择"线段连接—圆角"，使描边边缘变得柔和。

在工具栏单击文字工具，在"合成"面板中单独选择字母"A"使其高亮显示，在"字符"面板中将字体大小设为"200"，将填充颜色设为"红色"，将基线偏移设为"–100"。将光标插入 A 与 f 之间，将两字符间的字偶间距设为"–180"（图 6-12）。

图 6-12

6.1.5 文本定位

文字属性设置完成后，下面要考虑的问题就是如何在"合成"面板中精确地去摆放它。After Effects 提供了包括安全区、网格、标尺和参考线等辅助工具，帮助我们在"合成"面板中精确定位目标。你不必担心它们对画面造成干扰，因为在最终渲染输出的画面中，将不包括这些辅助工具。

（1）单击"合成"面板左下角的"选择网格和参考线选项"图标 ⊞，在弹出的菜单中选择"标题 / 动作安全"（图 6-13），将在"合成"面板中显示"标题 / 动作安全"框（图 6-14）。快捷切换显示和隐藏安全框的方法为：按住 Alt 键用鼠标左键单击"选择网格和参考线选项"图标 ⊞。

图 6-13

图 6-14

标题 / 动作安全框

由于一些电视机的屏幕会裁剪掉图像的边缘,所以打开"标题 / 动作安全框"以保证我们的文字能够在绝大部分的显示器中被显示出来。一般动作安全区(外面的大框)是图像宽度和高度的 90%,标题安全区(内部的小框)是图像宽度和高度的 80%,要确保文字位于内部的标题安全区内。

（2）单击"合成"面板左下角的"选择网格和参考线选项"图标⊞,在弹出的菜单中选择"网格",将在"合成"面板中显示网格（图 6-15）。在菜单栏选择"视图—对齐到网格"（图 6-16）,快捷键为 Ctrl + Shift + ' 键。这样在"合成"面板中移动文字时,将自动吸附到网格边缘帮助定位。按住 Shift 键再移动文字,则会约束文字在横向或纵向移动。

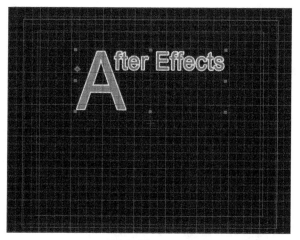

图 6-15

图 6-16

（3）当对文字的移动需要精确定位时,就要用到标尺和参考线。单击"合成"面板左下角的"选择网格和参考线选项"图标⊞,在弹出的菜单中选择"标尺",切换快捷键为 Ctrl + R 键,将在"合成"面板中显示标尺。要创建参考线,可在标尺上单击并拖动到画面相应的位置上（图 6-17）。使用选择工具可在"合成"面板中选择并移动参考线,当参考线移动到标尺上时,将删除该参考线。

为帮助吸附定位,可在菜单栏选择"视图—对齐到参考线"（图 6-18）,快捷键为 Ctrl + Shift + ; 键。还可以选择"锁定参考线"以防止将其意外移动,"清除参考线"将删除画面中的所有参考线。

（4）按 Ctrl + S 键保存项目。

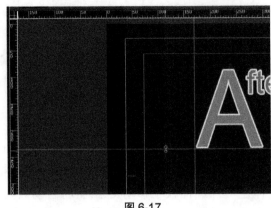

图 6-17　　　　　　　　　　　　　　　　图 6-18

6.1.6　编辑段落文本

使用文字工具在"合成"面板中直接单击输入所生成的文字叫做点文本,需要通过回车键进行换行。如果要输入整段文字,可通过定义文本框的方式来创建段落文本。

(1)按快捷键 Ctrl + N 新建合成,在弹出的"合成设置"对话框中,将"合成名称"设为"段落文本","预设"设为"PAL D1/DV","持续时间"设为"05:00",单击"确定"按钮。

(2)按快捷键 Ctrl + T 激活文字工具,在"合成"面板中单击并拖拽绘制文本框(图6-19)。为消除上一次在"字符"面板所做的修改,可重置"字符"面板。用鼠标右键单击"字符"面板顶端的选项菜单,选择"重置字符"(图6-20)。

图 6-19　　　　　　　　　　　　　　　　图 6-20

(3)在"合成"面板的文本框中输入或粘贴一段文字,文字会依据文本框的边界自动换行。如文字太多,溢出文本框,将不显示文本框以外溢出的部分(图6-21)。可在选择文字工具的前提下激活该文本框,拖拽文本框周围的 8 个控制点,扩大文本框显示范围以显示更多文字(图6-22)。不同于图层的缩放,此方法只是改变文本框的大小,而文字大小不会被缩放。

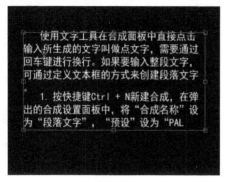
图 6-21

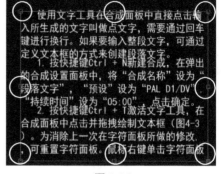
图 6-22

　　（4）若要同时改变文字大小，可先按小键盘回车键退出编辑模式，按 V 键切换至选取工具，拖拽文本框周围的 8 个控制点，对文本框及文字进行缩放。若要等比例缩放，则在拖拽控制点之后，按住 Shift 键以保持横纵比（图 6-23）。这种方法实际上就是对整个文字层进行缩放，如果此时在"时间轴"面板中选择文字层，并按 S 键调出缩放属性，可以看到缩放值发生的变化（图 6-24）。

图 6-23

图 6-24

　　（5）点文本没有文本框的限制，只有按下回车键后才会换行。而段落文本则要受到文本框边界的限制，并自动换行。可以在点文本和段落文本间进行转换，选择文字工具，在"合成"面板中用鼠标右键单击退出编辑状态的文字，在弹出的上下文菜单中选择"转换为点文本"或转换为"段落文本"（图 6-25、图 6-26）。

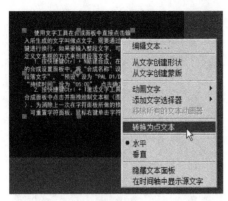

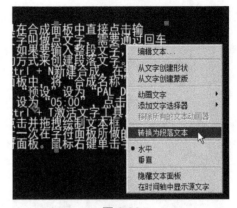

图 6-25   图 6-26

（6）通过"段落"面板对文本进行对齐和缩进的设置，可以对整个文字层进行设置，也可对选择的文字段落进行设置。保持文字工具被选中，在"合成"面板中选择所有文字，在程序右侧的"段落"面板中点选"最后一行左对齐"图标。选择第二段文字，在"段落"面板中将"段前添加空格"设为"30"，"段后添加空格"设为"30"，"缩进右边界"设为"90"，"首行缩进"设为"60"。选择第三段文字，在"段落"面板中将"缩进左边界"设为"90"，"首行缩进"设为"60"（图 6-27）。

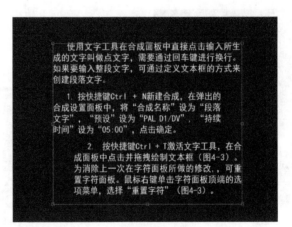

图 6-27

（7）按 Ctrl + S 键保存项目。

"段落"面板

"段落"面板用于设置文字的对齐方式、缩进方式和段间距，既可用于段落文本也可用于点文本。在"段落"面板所做的设置将作用于"合成"面板中光标所在段落，或"时间轴"面板中所选择的整个文字层。当分别选择横排文字和直排文字时，"段落"面板中的显示图标也会有所不同（图 6-28）。这里以横排文字为例进行说明。

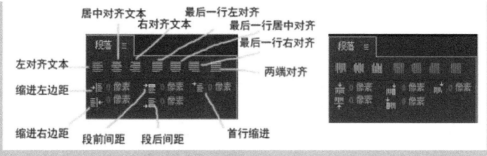

图 6-28

1）对齐方式

对齐方式分为一端对齐、居中对齐和两端对齐（两端对齐只作用于段落文本）3 类共 7 种。

左对齐：将所选段落左对齐，使段落右侧参差不齐。

居中对齐：将所选段落居中对齐，使段落两侧参差不齐。

右对齐：将所选段落右对齐，使段落左侧参差不齐。

最后一行左对齐：将所选段落最后一行左对齐，其余文字行两端对齐。

最后一行居中对齐：将所选段落最后一行居中对齐，其余文字行两端对齐。

最后一行右对齐：将所选段落最后一行右对齐，其余文字行两端对齐。

两端对齐：将所选段落全部文字行两端对齐。

2）缩进方式

缩进方式指定整段文字与定界框之间的间距量，可为各个段落设置不同的缩进值，分为 3 种。

缩进左边距：从段落左边缩进文字，右侧保持不变。

缩进右边距：从段落右边缩进文字，左侧保持不变。

首行缩进：对段落首行进行缩进左边距，其余文字行保持不变。

3）段间距

段间距分为段前和段后两种，可根据需要单独调整。

当对于段落的设置混乱时，可在"段落"面板顶端的选项菜单中选择"重置段落"，以全部恢复默认值（图 6-29）。

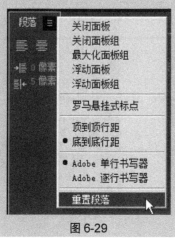

图 6-29

6.2　源文本动画

尽管"字符"面板和"段落"面板选项丰富，功能强大，但不足以生成文字动画，还需要在"时间轴"面板中根据时间进展为相应属性添加关键帧来实现。下面通过对文字层的"源文本"属性设置关键帧来实现一个简单的文字特效。

6.2.1　创建合成

按快捷键 Ctrl + N 新建合成，在弹出的"合成设置"对话框中，将"合成名称"设为"源文本动画"，将"预设"设为"PAL D1/DV"，"持续时间"设为"05:00"，单击"确定"按钮。

6.2.2　创建文字并编辑文字属性

创建文字方法如下。

（1）按快捷键 Ctrl + T 激活文字工具，在"合成"面板中单击鼠标左键，在光标处输入文字"After Effects 的源文本动画"，按小键盘上的回车键，完成文本输入。

（2）确认在"时间轴"面板中已选择该文本层，在"字符"面板中调整参数如下（相关参数可根据个人喜好进行设置，以下数值仅作为参考）（图 6-30）。

字体：微软雅黑。

样式：Bold。

字号：36 像素。

字符间距：125。

描边宽度：5 像素。

描边样式：在描边上填充。

填充颜色：# 1AC8D1。

描边颜色：白色。

（3）在选择文字工具 T 的情况下，按住 Ctrl 键临时切换为选择工具 ，在"合成"面板中拖动文字到合适的位置（图 6-31）。

图 6-30

图 6-31

6.2.3　创建源文本动画

创建源文本动画方法如下。

（1）在"时间轴"面板中点选文字层，按 Home 键将当前时间指示器定位在 0 帧处，快速按两次 U 键，调出文字层的源文本属性。单击源文本属性前的秒表图标，在 0 帧处创建关键帧（图 6-32）。新生成的关键帧图标为方形，此为定格关键帧，它会保持属性值为当前关键帧的值，直到下一个关键帧，而不会产生补间动画。

图 6-32

（2）单击"时间轴"面板左上角的"当前时间显示"，输入"+10"，按回车键（图 6-33），将当前时间指示器定位在 10 帧处。在确认选择文字工具 T 的情况下，在"合成"面板中选择最后一个文字"画"，按 Del 键删除该文字，并按小键盘回车键退出文字编辑，在 10 帧处会自动生成新的定格关键帧。按此方法每隔 10 帧，删除文字行最末尾一个文字并生成新的关键帧，直到删除所有文字，共生成 11 个定格关键帧（图 6-34）。

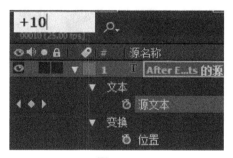

图 6-33

图 6-34

（3）如果此时阅览效果，会发现文字从右向左逐渐消失，这不是想要的效果，需要反向关键帧。在"时间轴"面板中，单击文字层下的源文本属性以选择所有源文本属性的关键帧。用鼠标右键单击任意一个关键帧，在弹出的菜单中选择"关键帧辅助—时间反向关键帧"（图 6-35）。

图 6-35

（4）至此完成源文本动画，按小键盘 0 键预览效果，文字从左向右依次出现，按 Ctrl + S 键保存项目。

源文本动画可以为每个关键帧设置不同的文字或文字属性，并保持至下一个关键帧，从而实现一个文字层随时间的变化显示不同的文字内容，例如可以用这一技术去实现倒计时显示的效果，大家可以自己尝试制作（图 6-36）。

图 6-36

6.3　路径文字

在前面曾经介绍过如何调整图层的运动路径，但这方法并不适合调整文字的路径运动。因为很多时候我们希望文字能够像项链上的珍珠一样，可以以字符为单位沿路径顺畅地移动，而不是作为一个图层僵硬地整体移动。其实 After Effects 有着非常强大的文字路径解决方案，可以轻松实现文字的路径运动。

6.3.1　创建合成

按快捷键 Ctrl + N 新建合成，在弹出的"合成设置"对话框中，将"合成名称"设为"路径文字"，将"预设"设为"HDV/HDTV 720 25"，"持续时间"设为"05:00"，单击"确定"按钮。

在"时间轴"面板中将自动打开新建合成。

6.3.2　导入并使用素材

双击"项目"面板的空白处打开"导入文件"对话框。导航到"光盘\第4章\素材"文件夹下，双击"妙妙.jpg"文件，导入素材。将"项目"面板中的"妙妙.jpg"素材拖动到"时间轴"面板中的"路径文字"合成中。

由于素材的分辨率高于合成的分辨率，需要进行缩放。在"时间轴"面板中，用鼠标右键单击"妙妙.jpg"图层，在弹出的上下文菜单中选择"变换—适合复合"（图6-37），快捷键为 Ctrl + Alt + F，即以合成的宽高为标准对图层进行缩放。

在"时间轴"面板中单击图层锁定开关，锁定该图层以防止意外编辑（图6-38）。

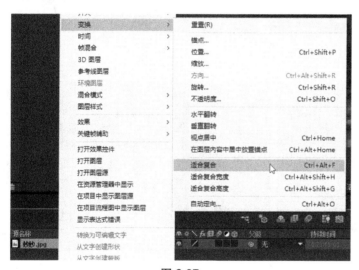

图 6-37　　　　　　　　　　　　　　　　　　　　　　　图 6-38

6.3.3　创建并编辑文字

按快捷键 Ctrl+T 激活文字工具，在"合成"面板中单击鼠标左键，在光标处输入文字"After Effects 路径文字"，按小键盘上的回车键，完成文本输入。在确认选择文字层的情况下，在"字符"面板中根据个人喜好设置文字属性。

6.3.4　制作路径文字

不同于图层的路径调整，我们可以使用钢笔工具为文字层绘制复杂路径。要使绘制的蒙版路径能够应用到文字层上，就需要在绘制路径前确保在"时间轴"面板中已选中该文字层。

（1）按快捷键 G 调用钢笔工具 ，在"合成"面板中以猫的头部轮廓为参照，从左向右绘制一个蒙版路径。为使文字运动能够平缓进行，在绘制路径时要尽量避免尖锐的拐角（图6-39）。

（2）在"时间轴"面板中,展开文字层的"路径选项"属性,在"路径"项右侧的下拉菜单中选择"蒙版 1",即刚才绘制的蒙版路径(图 6-40)。此时文字会自动吸附到路径上(图6-41),同时,"时间轴"面板中的"路径选项"属性下也会多出一些选项(图 6-42)。

图 6-39

图 6-40

图 6-41

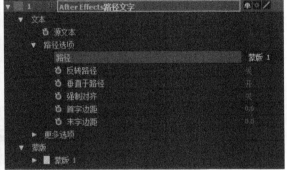

图 6-42

路径选项

反转路径:默认为"关",若开启此项会反转文字路径的方向(图 6-43)。

图 6-43

垂直于路径:默认为"开",若关闭此项文字将垂直于水平线(图 6-44)。

强制对齐:默认为"关",若开启此项文字将均匀分布在整条路径上(图 6-45)。

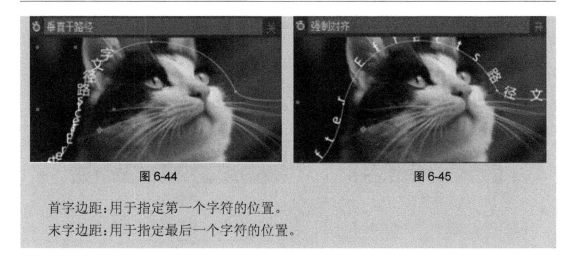

图 6-44　　　　　　　　　　　图 6-45

首字边距:用于指定第一个字符的位置。

末字边距:用于指定最后一个字符的位置。

(3)为了实现文字沿路径移动,需设置"首字边距"的关键帧。在"时间轴"面板中,按 Home 键将当前时间指示器定位在 0 帧处,设置文字层路径选项中"首字边距"参数值,参照 "合成"面板的图像显示,按住鼠标左键并向右拖动数值(按住 Shift 键拖动数值,可大尺寸 修改数值),使文字向右出离画面(图 6-46)。单击"首字边距"前的秒表图标,记录关键帧 (图 6-47)。

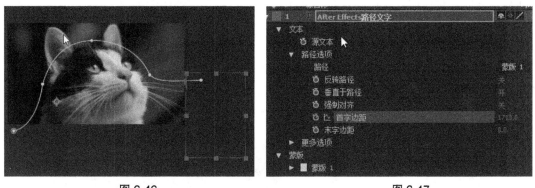

图 6-46　　　　　　　　　　　图 6-47

按 End 键将当前时间指示器定位在合成结尾处,参照"合成"面板的图像显示再次设置 "首字边距"数值,按住鼠标左键并向左拖动数值,使文字向左出离画面,并生成新的关键 帧。按小键盘 0 键预览效果。

(4)此时文字已经可以沿路径从右向左平滑运动了,还可以通过调整字符间距来实现 更加逼真的物理效果。前面介绍的通过"字符"面板调整字符间距,但这种方法不能生成关 键帧,也就无法实现字符间距的变化。其实还可以通过"文本动画制作器"来实现字符间距 的变化。

在"时间轴"面板中展开文字层,在右侧的动画菜单中选择"字符间距"(图 6-48)。这 样会为文字层添加一个包含字符间距的动画制作工具。下面通过对"字符间距大小"设置 关键帧来实现文字运动的物理效果(图 6-49)。

图 6-48　　　　　　　　　　　　　　图 6-49

按下"字符间距大小"前的秒表开始记录关键帧（时间和数值会因绘制的路径不同而有所不同，以下参数仅供参考）。

10 帧处：0。

1:15 帧处：-20。

3:09帧处：20。

5:00 帧处：0。

（5）下面再为这个动画增加一点难度。我们希望当文字经过小猫妙妙右耳时，从耳朵后面穿过，而不是前面。这可通过再为这个文字层绘制一个封闭的蒙版来实现。

确认选中该文字层，按快捷键 G 调用钢笔工具，在"合成"面板中沿着小猫的右耳轮廓绘制一个封闭的蒙版（图 6-50）。

在"时间轴"面板中，点选文字层，快速按两次 M 键展开蒙版属性，将蒙版 2（就是新绘制的封闭蒙版）的叠加方式设为"相减"，即当蒙版 1 的轨迹与蒙版 2 重叠时，隐藏显示。将蒙版 2 的羽化值设为"6.0,6.0 像素"以柔化边缘（图 6-51）。

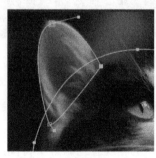

图 6-50　　　　　　　　　　　　　　图 6-51

（6）为使运动看起来更加平滑自然，单击开启文字层运动模糊开关，并开启"时间轴"面板上的合成运动模糊开关（图 6-52）。至此完成路径文字制作，按小键盘 0 键预览效果（图 6-53），并按 Ctrl + S 键保存项目。

图 6-52

图 6-53

6.3.5　更多选项

在设置文字层的"路径选项"时,会看到下面还有一项"更多选项"属性,用于设置一些字符属性(图 6-54)。

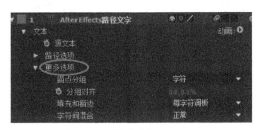

图 6-54

锚点分组:此项用于设置文字运动变化的单位,可在右侧下拉菜单中选择字符、词、行、全部,默认值为"字符"(图 6-55)。

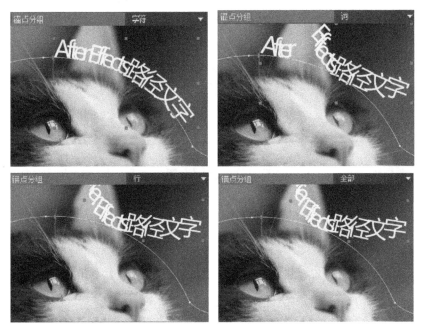

图 6-55

　　分组对齐：此项用于移动文字锚点的位置。

　　填充和描边：此项与"字符"面板中的描边样式相似，定义填充和描边层叠的渲染方式。

　　字符间混合：此项用来设置字符重叠时的显示方式，可在右侧的下拉菜单中选择（图6-56）。

6.3.6　封闭路径文字

　　用于路径的蒙版可以是开放的，也可以是封闭的，其实操作方法没有什么不同，大家可以自己尝试制作（图6-57）。

图 6-56　　　　　　　　　　　　　　　　　　　　　图 6-57

6.4　文本动画制作器

　　对于图层动画的制作，可以通过为图层变换属性组中的锚点、位置、缩放、旋转和不透明度等属性设置关键帧来实现。但图层属性的变化是针对整个图层，而对于文字动画来说，这显然是不够的。因为我们希望能够以字符为单位生成更加细化的动画效果。

　　我们可以通过"文本动画制作器"来实现这个目标，事实上在上一节路径文字的实例中，我们已经通过它来实现字符间距的变化了。下面就来进一步了解这个功能强大的"文本动画制作器"。

6.4.1　创建合成

　　按快捷键 Ctrl + N 新建合成，在弹出的"合成设置"对话框中，将"合成名称"设为"文本动画制作器"，将"预设"设为"PAL D1/DV"，"持续时间"设为"05:00"，"背景颜色"设为"白色"，单击"确定"按钮，在"时间轴"面板中将自动打开新建合成。

6.4.2　创建并编辑文字

　　按快捷键 Ctrl + T 激活文字工具，在"合成"面板中单击鼠标左键，在光标处输入文字"文本动画制作器"，按小键盘上的回车键，完成文本输入（图6-58）。在确认选择文字层的情况下，在"字符"面板中根据个人喜好设置文字属性（图6-59）。

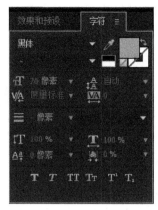

图 6-58　　　　　　　　　　　　　　　　　　　图 6-59

6.3.4　使用文本动画制作器

我们要实现的效果是将文字逐个显示出来,并伴随着旋转、移动、颜色变化等效果,具体操作如下。

(1)在"时间轴"面板中展开文字层,在右侧的"动画"菜单中选择"不透明度"(图6-60)。这样会为文字层添加一个"动画制作工具 1",其中包含一个"范围选择器 1"和一个"不透明度"属性(图6-61)。

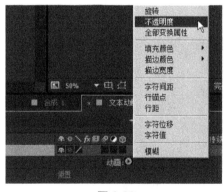

图 6-60　　　　　　　　　　　　　　　　　　　图 6-61

这就是"文本动画制作器"的基本组成方式,添加的属性用于最终的显示,范围选择器设定属性的应用范围。其实范围选择器也可以被删除,添加的属性设置将应用到图层中的所有文字,但这样就与图层的属性设置没有区别了,也就失去了文本动画制作器的意义,除非是为了设置图层属性所不包含的部分。

虽然添加的属性与范围选择器中的"起始""结束""偏移"项都带有秒表,可以记录关键帧,但一般的操作方法是:先设置添加属性的参数值作为最终显示,再在范围选择器中设置"起始"(或者"结束""偏移")项的关键帧,来生成动画。

(2)在"时间轴"面板中将文字层"动画制作工具 1"下的"不透明度"属性参数设为"0"。按 Home 键将当前时间指示器定位在 0 帧处,单击"范围选择器 1"中的"起始"项前的秒表,开始记录关键帧,数值为"0%"。单击"时间轴"面板左上角的当前时间,输入"200",按回车键,将当前时间指示器定位在2秒处,将"起始"项数值设为"100%",并生成关键帧(图6-62)。按小键盘0键预览效果,文字从无到有逐个显示。

图 6-62

这里要说明的是,范围选择器中"起始"项定义属性显示范围的左边界,"结束"项定义属性显示范围的右边界。设置"起始"项关键帧的意义在于,当"起始"项数值为"0%"时,左边界在文字行最左端,也就是所有文字都会受到"不透明度"属性的影响,变为透明。随着"起始"项数值的增加,左边界不断向右移动,受到"不透明度"属性影响的文字也越来越少,左边的文字慢慢显示出来。直到"起始"项数值为"100%"时,左边界完全与右边界重合,即不再有文字受到"不透明度"属性的影响,所有文字都显示出来(图6-63)。如果做"结束"项的关键帧,道理也一样,即不是设置属性的变化,而是设置属性影响范围的变化。

(3)下面添加更多的属性变化,在"时间轴"面板中单击"动画制作工具1"右侧的"添加"菜单,选择"属性"类下的"位置""旋转""模糊"(图6-64),添加这3个属性并设置数值如下(图6-65)。

图 6-63

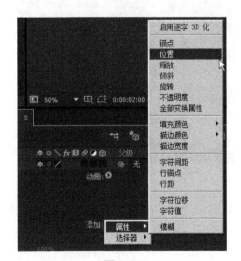

图 6-64

图 6-65

"位置"数值："105.0 , 218.0"。

"旋转"数值："0x +90.0°"。

"模糊"数值："20.0 , 20.0"。

虽然我们又添加了 3 个属性，但不需要再单独设置范围选择器中的关键帧，因为在同一个动画制作工具中的属性，会同时受到范围选择器中关键帧的影响。按小键盘 0 键预览效果，文字从画面右下角翻转着显示出来，移动到画面中央，并伴有模糊效果（图 6-66）。

图 6-66

这一次我们没有在文本属性右侧的"动画"菜单中添加属性，而是从"动画制作工具 1"右侧的"添加"菜单中选择"属性"。两者功能基本相同，不同的是，从"添加"菜单中选择的"属性"会加到"动画制作工具 1"中，并统一受到其中的"范围选择器"的控制。而从"动画"菜单中添加属性，且没有选中"动画制作工具 1"时，系统会再创建一个新的"动画制作工具 2"，并可以制作新的"范围选择器"关键帧动画。

（4）下面为文字层再添加一个效果，为确保生成新的动画制作工具，在文字层下单击"文本"属性，在"动画"菜单中选择"填充颜色—RGB"（图 6-67），在文字层下会增加一个"动画制作工具 2"，并包含一个"范围选择器 1"和"填充颜色"属性，颜色为"红色"。在"动画制作工具 2"右侧的"添加"菜单中选择"属性—缩放"，添加"缩放"属性，将参数设为"130.0，130.0"（图 6-68）。

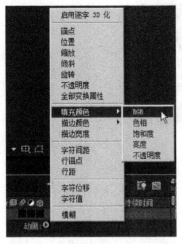

图 6-67 　　　　　　　　　　　　　　　　　　　图 6-68

（5）将当前时间指示器定位在 2 秒处，展开"动画制作工具 2"中的"范围选择器 1"，参照"合成"面板的画面，调整"起始"与"结束"参数，使受属性影响的范围控制在文字行中间的 3 个字符（图 6-69）。如果感觉百分比的参数值不好控制，可展开该范围选择器下的"高级"选项，将"单位"项设为"索引"，即以字符个数显示这些属性，而不再是百分比了。将"形状"项设为"圆形"，"形状"项用来设置属性影响范围的形状（图 6-70）。

图 6-69 　　　　　　　　　　　　　　　　　　　图 6-70

我们要实现的效果是，影响 3 个字符的红色放大效果从左往右横向移动，靠设置"起始"与"结束"参数值很难实现，需要设置"偏移"值。

（6）参考"合成"面板中的显示，按住"动画制作工具 2"下"范围选择器 1"中的"偏移"数值向左拖动（值设为"-5"），使得效果向画面左侧偏移直至消失。按下"偏移"项左侧的秒表记录关键帧。将当前时间指示器定位在 5 秒处，按住并向右拖动设置"偏移"数值（值设为"5"），使得效果向画面右侧偏移直至消失，生成新关键帧。

这种通过拖动数值来修改参数的优点在于，可以根据显示效果进行调整，并且可以直观地感受到效果的变化。如果想细微调整参数值，可按 Ctrl 键再拖动鼠标，这样参数值就会以它的最小单位增减数值。

（7）最后按小键盘 0 键，预览最终效果，并按快捷键 Ctrl + S 保存项目。

6.5　随机效果

现在我们已经了解了文本动画制作器的工作方式，通过它可以为文字创建多种属性变化的动画效果。特别是对于范围选择器的使用，使我们可以高效地控制属性效果的显示。通过对范围选择器中"起始""结束"和"偏移"属性设置关键帧，能够得到平滑而有规律的动画效果。但有的时候，我们可能希望看到一些活泼、跳跃性的随机效果。

我们就以上一小节的文字动画为例，文字从右下角依次旋转进入，效果稍显死板。其实可以稍加调整，实现一个随机进入的效果。

6.5.1　随机排序

随机排序的操作方法如下。

（1）打开"文本动画制作器"合成，在"时间轴"面板中依次展开文本层下的"文本—动画制作工具 1—范围选择器 1—高级"，将"随机排序"项设为"开"。在"合成"面板中预览效果，文字不再依次进入，而变为随机进入。

"随机排序"实际上是让范围选择器以随机的顺序指定字符应用属性。这里要说明的是，真正的随机是不可重复的，而我们所做的随机排序并不是这样，我们会发现每一次播放的顺序都是相同的，它实际上是一个由程序计算出来的模拟随机效果。

当我们打开"随机排序"项之后，其下会多出一个"随机植入"项，默认值为"0"，可以改变它的数值，每一个数值会对应一个看似随机的结果。例如可以将同一效果应用到不同的合成，通过设置它们各自的"随机植入"值，使之数值相同或不同，来实现各自随机效果的相同或不同（图 6-71）。

（2）虽然文字动画变得随机，但还是希望第一个文字能够首先出现，可以参照"合成"面板的画面，拖动"随机植入"的参数，直到第一个文字首先出现（图 6-72）。

（3）按小键盘 0 键，预览最终效果，并按快捷键 Ctrl + S 保存项目。

图 6-71

图 6-72

"随机排序"会影响动画效果显示的顺序，但不会影响属性值的变化。如果我们希望属性值能够随机变化,就要使用"摆动选择器"。

6.5.2 摆动选择器

当给文字的动画制作工具添加属性时,会为每个属性设置一个参数值,作为最终变化的效果。但如果能够对这些属性设定一定的范围,在这个范围内进行随机的变化,将会得到更加绚丽活泼的效果。

（1）打开"文本动画制作器"合成,在"时间轴"面板中展开文本层,在"动画制作工具1"右侧的"添加"菜单中选择"选择器—摆动",这样将为"动画制作工具1"添加一个"摆动选择器1"（图6-73）。

此时在"时间轴"面板中拖动时间指示器预览合成效果,会发现文字变得有些疯狂,不再是从屏幕右下角进入画面,位置变得随机,且不透明度、模糊效果、旋转角度等也都变幻不定,直到在2秒处才恢复平静（图6-74）。

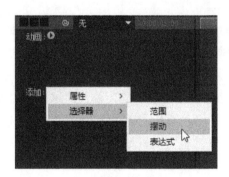

图 6-73

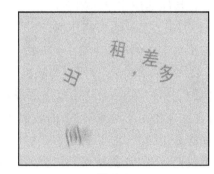

图 6-74

我们来分析一下这其中的原因,在时间开始处"范围选择器1"中设定的范围包含所有字符,当添加"摆动选择器"之后,原先"动画制作工具1"中的所有属性参数值由固定变得随机,所以文字会以随机的状态出现在画面中。随着时间的变化,"范围选择器1"中设定的范围变得越来越小,不在范围内的文字开始变得平静,以原始的状态显示。直到所有文字都不在选择范围内,都不受添加属性的影响。

当展开"摆动选择器1"后,会发现其中的"模式"项的参数是"相交"（图6-75）,"模式"项用于设置与其上方的所有范围选择器间的组合方式。当在一个范围选择器后添加摆动选择器时,系统会自动将摆动选择器的"模式"项设为"相交"。这意味着摆动选择器的影响将仅限于范围选择器规定的范围内。这也就是为什么在实例中,文字的随机变化随着选择范围的缩小而逐渐停止了。"相交"是摆动选择器使用最多的模式,大家也可以试着修改"模式"项的参数,观看效果变化。

图 6-75

　　摆动选择器中的"最大量"与"最小量"用于设定摆动量的范围,可以通过设置两者的关键帧,来实现对摆动量的逐步增加和降低。例如实例中,当我们添加了摆动选择器后,文字从一开始就变得活跃。我们还是希望画面开始时不显示文字,随时间的变化文字开始随机运动,然后再恢复平静。

　　(2)按 Home 键将当前时间指示器定位在开始处,将"最小量"设为"100%","合成"面板中文字都移动到画面右下角并变为透明,按下"最小量"前的秒表开始记录关键帧。将当前时间指示器定位在 15 帧处,将"最小量"设为"-100%",并生成关键帧(图 6-76)。这样在开始时画面中没有文字出现,随着时间变动文字开始从右下角显示并做随机变化。如果感觉运动效果不够明显,可将"摇摆 / 秒"项参数调高到"5.0",增加摇摆频率。

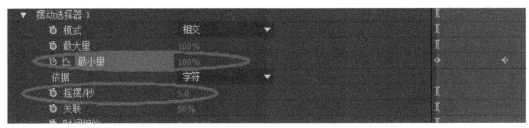

图 6-76

　　最后为使运动看起来更加平滑自然,单击开启文字层运动模糊开关🔵,并开启"时间轴"面板上的合成运动模糊开关🔵(图 6-77)。至此完成制作,按小键盘 0 键预览效果(图6-78),按 Ctrl + S 键保存项目。

图 6-77

图 6-78

　　摆动选择器的出现使得文字动画效果更加丰富,配合自身内部的选项和范围选择器的使用可以有效地控制模拟随机效果的显示。需要说明的是,在动画制作器中添加的属性一定要设定一个参数值,摆动选择器才会对它起作用,否则将不会产生任何变化。当调用摆动选择器后,它会对同一动画制作工具中的所有属性起作用,就像在我们的实例中文字的位置、不透明度、旋转、模糊等属性都会发生随机变化。要想只对特定的属性进行摇摆,就需要再创建新的动画制作器并添加需要随机化的属性,大家可以自行测试。

6.6　预设文字

当我们费尽千辛万苦，终于调试出一个满意的动画效果后，你是不是想：把这些动画效果保存起来，以便应用到其他的合成中去。不要觉得这是种奢望，这完全是可行的，并且易于实现。

6.6.1　保存动画预设

以"文本动画制作器"合成为例，打开该合成并在"时间轴"面板中展开文字层。因为我们一共建了两个动画制作器，且这两个效果我们都需要保存，所以按住 Ctrl 键点选"动画制作工具 1"和"动画制作工具 2"（图 6-79）。

在菜单栏选择"动画—保存动画预设"（图 6-80），在弹出的"动画预设另存为"对话框中输入文件名称，单击"保存"按钮，我们的动画将作为扩展名为".ffx"的 After Effects 预设文件保存在"文档 \Adobe\After Effects CC 2014\User Presets"路径下。

图 6-79　　　　　　　　　　　　　　　　图 6-80

6.6.2　调用动画预设

调用动画预设也非常简单。在新建合成中输入文字，并在"字符"面板中设置属性。选中该文字层，按 Home 键将当前时间指示器定位在 0 帧处。在程序右侧的"效果和预设"面板中依次展开"动画预设—User Presets"，这时你会发现我们之前保存的动画预设文件名就在里面（图 6-81）。下面就是见证奇迹的时候了，用鼠标左键双击动画预设文件名，所有的动画效果将会应用在新的文字上（图 6-82）。

图 6-81　　　　　　　　　　　　　　　　图 6-82

这里需要注意的一点是，确认当前时间指示器是否处于 0 帧处，因为应用预设动画时，将以当前时间指示器的位置为动画开始帧，设置动画。

6.6.3 浏览预设

动画预设的使用给我们带来了极大的方便,除了我们自己保存的预设以外,系统还提供了大量的预设效果,可以在"效果和预设"面板中浏览调用,并支持文件名搜索。这种通过浏览文件名调用的方法虽然高效,但问题在于,它太不形象了,无法让人直观地感受到预设效果的样子。其实我们可以先观看动画预设的实例效果再选择应用。

在合成中新建文字层,并在"字符"面板中设置属性。确认选中该文字层,按 Home 键将当前时间指示器定位在 0 帧处。在菜单栏选择"动画—浏览预设…"(图 6-83),将会打开Adobe Bridge CC 程序,并导航到系统的动画预设文件夹下。在这里可以在中间的"内容"面板中选择感兴趣的效果图标,并在右侧的"浏览"面板中观看效果演示(图 6-84)。当找到满意的效果后,可在"内容"面板中直接用鼠标左键双击该效果图标,效果就会自动添加到之前选中的文字层上了。

图 6-83

图 6-84

6.7 逐字 3D 文字

我们生活在三维空间,所以会对三维效果感到亲切。我们曾经学习过在 After Effects

中如何创建 3D 效果，当然也可以为文字动画添加 3D 元素。在 After Effects 的三维世界里，尽管场景是三维的，但其中的物体是没有厚度的，也就是一个薄片。有人把 After Effects 的三维效果形象地描述为：生活在三维世界的二维生物。所以它不能算是真正的 3D，应该算是 2.5D，Adobe 公司称之为"经典 3D"。

下面我们就在路径文字的基础上创建一个 3D 路径文字。

6.7.1　创建合成

按快捷键 Ctrl + N 新建合成，在弹出的"合成设置"对话框中，将"合成名称"设为"经典 3D 路径文字"，将"预设"设为"HDV/HDTV 720 25"，"持续时间"设为"05:00"，单击"确定"按钮。在"时间轴"面板中将自动打开新建合成。

6.7.2　使用素材

将"项目"面板中的"妙妙 .jpg"素材拖动到"时间轴"面板中的"经典 3D 路径文字"合成中。按快捷键 Ctrl + Alt + F，将素材缩放到合成大小。在"时间轴"面板中单击素材图层锁定开关，锁定该图层以防止意外编辑。

6.7.3　创建并编辑文字

按快捷键 Ctrl + T 激活文字工具，在"合成"面板中单击鼠标左键，在光标处输入文字"经典 3D 路径文字"，按小键盘上的回车键，完成文本输入。

在确认选择文字层的情况下，在"字符"面板中根据个人喜好设置文字属性（图 6-85）。

图 6-85

6.7.4　制作文字路径

（1）用鼠标单击并按住工具栏中的"矩形工具"按钮，在弹出菜单中选择"椭圆工具"

（图 6-86），或多次按 Q 键切换到"椭圆工具"。 确保在
"时间轴"面板中已选中该文字层,在"合成"面板中间单
击并拖动鼠标,再按住 Ctrl +Shift 键继续拖动鼠标,这样
会以鼠标单击点为中心向外绘制一个圆形,并作为文字
层的蒙版。

图 6-86

（2）在"时间轴"面板中展开文字层的"路径选项"
属性,在"路径"项右侧的下拉菜单中选择"蒙版 1",即
刚才绘制的圆形蒙版路径（图 6-87）,此时文字会自动吸附到路径上（图 6-88）。

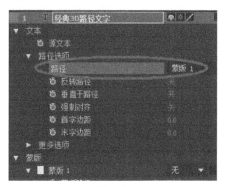

图 6-87

图 6-88

6.7.5　设置 3D 效果

（1）我们要实现的效果是,文字围绕小猫妙妙的头部沿水平方向前后旋转,这就需要启
动 3D 图层。在"时间轴"面板中单击文字层的 3D 开关,将其转换为 3D 图层（图 6-89）。

图 6-89

（2）点选文字层,按 R 键调出图层旋转属性,将"X 轴旋转"设为"0x -75.0°",使文字
及路径沿 X 轴翻转（图 6-90）。

（3）由于绘制的圆形路径有些小,不能框住全部猫头,需要扩大路径。按 V 键调用"选
取工具",在"合成"面板中双击路径边缘,按住 Ctrl + Shift 键拖动路径蒙版边角的端点,使
其从中心放大到可以框住全部猫头（图 6-91）。

尽管文字层已处于 3D 状态,但这并不是我们想要的效果,我们希望文字可以垂直于路
径,而不是这种躺倒的状态。这种效果是普通 3D 图层所无法设置出来的,需要启用逐字
3D。

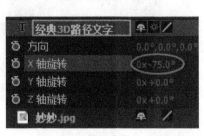

图 6-90　　　　　　　　　　　　　　　图 6-91

（4）在"时间轴"面板中展开文字图层，在"动画"菜单中选择"启用逐字 3D 化"（图 6-92）。此时文字层的 3D 开关变为两个小正方体图标，表示该文字层处于逐字 3D 化状态（图 6-93），在"合成"面板中的每个字符都会多出一个矩形红色边框（图 6-94）。

图 6-93

图 6-92　　　　　　　　　　　　　　图 6-94

启用逐字 3D 化的意义在于，这使得文字层中的每个字符都可以作为独立的个体进行旋转操作。下面我们可以通过为文字层添加包含旋转属性的动画制作器来实现。

（5）在文字层下的"动画"菜单中选择"旋转"属性（图 6-95），在文字层下添加一个包含旋转属性的动画制作工具，由于启用了逐字 3D 化，所以将有 3 个轴的旋转属性。只需将"X 轴旋转"参数值设为"0x + 90.0°"（图 6-96），将文字沿路径垂直。

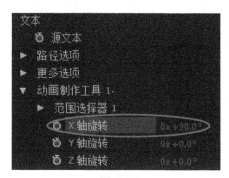

图 6-95　　　　　　　　　　　　　　　　　图 6-96

6.7.6　设置动画

下面让文字动起来。按 Home 键将当前时间指示器定位在 0 帧处,在"时间轴"面板中展开文字层的"路径选项",参照"合成"面板的显示,拖动修改"首字边距"参数(参考值设为"900"),单击"首字边距"项前的秒表记录关键帧。

按 End 键将当前时间指示器定位在合成结尾处,参照"合成"面板的显示,拖动修改"首字边距"参数(可按住 Shift 拖动,进行快速调整,参考值设为"-2300"),使文字围绕小猫顺时针旋转一周,生成关键帧(图 6-97)。

图 6-97

6.7.7 绘制蒙版

为了实现文字环绕小猫旋转的效果,需要绘制蒙版遮挡住猫头。确认选中该文字层,按快捷键 G 调用钢笔工具,在"合成"面板中沿着小猫头部轮廓绘制一个封闭的蒙版,注意蒙版不需要非常精确,只要与文字路径的后半部分交接的地方精确一些就可以,同时不要遮挡文字路径的前面部分(图 6-98)。

在"时间轴"面板中,点选文字层,快速按两次 M 键展开蒙版属性,将蒙版 2(就是新绘制的封闭蒙版)的叠加方式设为"相减",即当蒙版 1 的轨迹与蒙版 2 相重叠时,隐藏显示。将蒙版 2 的羽化值设为"6.0,6.0 像素"以柔化边缘(图 6-99)。

图 6-98 图 6-99

6.7.8　开启运动模糊

最后为使运动看起来更加平滑自然，单击开启文字层运动模糊开关，并开启"时间轴"面板上的合成运动模糊开关（图 6-100）。至此完成路径文字制作，按小键盘 0 键预览效果（图 6-101），并按 Ctrl＋S 键保存项目。

图 6-100 图 6-101

6.8　光线追踪 3D 文字

尽管 2.5D 和真正的 3D 有些不同，但它依旧可以给我们带来绚丽的效果。不过对于图层旋转角度的设置要有所注意，毕竟薄片的感觉还是会有些怪异。当然，有人可能会说 After Effects 毕竟只是一个合成软件，我们不可能对它要求太多。而现在不用再为这个问题烦恼了，因为 After Effects 从 CS6 版之后，它的 3D 模式发生了巨大的变化，拥有了更加真实的 3D 表现，被称为"光线追踪 3D"。"光线跟踪"3D 是一个在二维屏幕上呈现三维图像的方法，就是要计算出光线发出后经过一系列衰减再进入人眼时的情况。新的 3D 光线追踪渲染引擎采用了 NVIDIA Optix 技术，可完全利用 Kepler 架构的威力，After Effects 可使用 GPU 加速，其速度最高将是 CPU 单独工作的 50 倍。这样用户在 After Effects 中即可完成整个 3D 效果的制作而不用另外通过其他三维软件制作并导入，明显改善了工作效率。

下面我们就来制作一个光线追踪 3D 文字。

6.8.1　创建光线追踪 3D 合成

按快捷键 Ctrl + N 新建合成,在弹出的"合成设置"对话框中,将"合成名称"设为"光线追踪 3D 文字",将"预设"设为"PAL D1/DV","持续时间"设为"05:00"。

当我们建立合成时,系统会默认分配"经典 3D"渲染器,也就是 2.5D,如果要转换为 3D 就需要更换渲染器。单击"高级"选项卡,将"渲染器"项设置为"光线追踪 3D"(图 6-102)。单击右侧的"选项"按钮,在弹出的"光线追踪 3D 渲染器选项"对话框中将"光线追踪品质"设为"3","消除锯齿滤镜"设为"框"(图 6-103)。单击"确定"按钮,在"时间轴"面板中将自动打开新建合成。

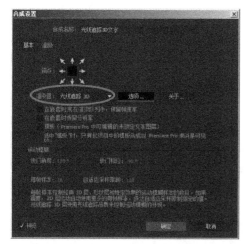

图 6-102

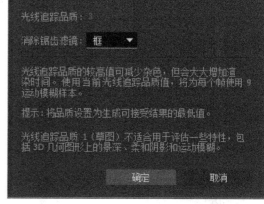

图 6-103

"光线追踪品质"控制每个像素发射的光线数(例如,值为 3 表示发射 9 或 3×3 束光线,值为 6 表示发射 36 束光线),数值越大产生的像素越准确,但同时会增加系统渲染计算的时间。当值为 1 时不会有任何反射模糊、景深、柔和阴影和运动模糊。因此综合考虑效果与效率,我们选择"3"。

"消除锯齿滤镜"控制每个像素对发射的光线进行均分的方法,即控制模糊度的量。"无"将会产生最清晰的结果,但是投影捕手的边缘可能看起来呈锯齿状,使用其他 3 项将产生更模糊的结果,按品质从低到高分别是"框""帐篷"和"立方"。

6.8.2　创建并编辑文字

按快捷键 Ctrl + T 激活文字工具,在"合成"面板中单击鼠标左键,在光标处输入文字"光线追踪",按小键盘上的回车键,完成文本输入。在确认选择文字层的情况下,在"字符"面板中根据个人喜好设置文字属性(图 6-104、图 6-105)。

图 6-104 图 6-105

6.8.3 设置 3D 效果

按如下方法设置 3D 效果。

（1）在"时间轴"面板中展开文字层，单击"动画"菜单，选择"启用逐字 3D 化"。为便于观察 3D 效果，在"合成"面板底部的"3D 视图弹出式菜单"中选择"自定义视图 1"（图 6-106）。

观察"合成"面板中的文字，发现文字还是处于薄片状态（图 6-107），之前设置的"光线追踪 3D"渲染器似乎并没起什么作用。其实在刚才展开文字层选择"启用逐字 3D 化"之后，你可能没有注意到文字层下多了一个"几何选项"，正是这个选项下的设置决定了文字的厚度。

图 6-106 图 6-107

（2）在"时间轴"面板中，展开文字层下的"几何选项"，将"凸出深度"设为"30"，这时我们会发现"合成"面板中的文字尽管很难看清轮廓，但开始有了厚度，变得立体。提高文字清晰度的方法之一就是添加斜面，在"斜面样式"的选项中选择"凸面"（图 6-108）。

尽管如此，还是看不清文字的维度，还需要进一步的设置（图 6-109）。

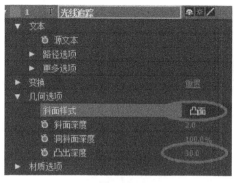
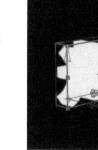

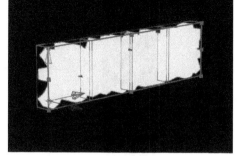

图 6-108

图 6-109

（3）展开文字层下的"材质选项"，尽管其中的选项众多，在这个实例中我们只需要设置两项就可以。将"透明度"设为"15%"，"反射强度"设为"20%"（图 6-110）。

通过对"材质选项"的简单调整，已经可以看出文字的立体效果了（图 6-111）。下面还可以通过改变文字各表面的颜色深度来加强立体效果。

图 6-110

图 6-111

（4）在文字层下的"动画"菜单中选择"前面—颜色—RGB"（图 6-112），将为文字层添加一个包含"正面颜色"的"动画制作工具 1"，并将"正面颜色"设为浅黄色。单击"动画制作工具 1"右侧的"添加"菜单，分别再添加"斜面—颜色—RGB""边线—颜色—RGB"和"背面—颜色—RGB"。将"斜面颜色"设为比"正面颜色"浅的黄色；"侧面颜色"设为比"正面颜色"深的黄色；"背面颜色"设定与"正面颜色"相同（图 6-113）。

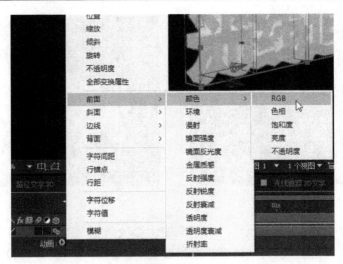

图 6-112

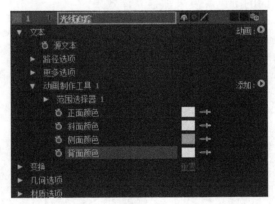

图 6-113

6.8.4 设置动画效果

3D 效果设置完成后再为文字添加一些动画。我们要实现的效果是,文字由远及近依次旋转出现,具体操作如下。

（1）先在"合成"面板底部的"3D 视图弹出式菜单"中选择"活动摄像机",恢复正常输出视图（图 6-114）。

（2）单击文字层,以确保不会选中已有的"动画制作工具 1",在"动画"菜单中选择"位置"属性,在文字层下添加一个含有"位置"属性的"动画制作工具 2"。再为"动画制作工具 2"添加"旋转""不透明度"属性,并设置如下（图 6-115）。

"位置":"0.0, 0.0, 1500.0"。

"Y 轴旋转":"0x + 180.0°"。

"不透明度":"0%"。

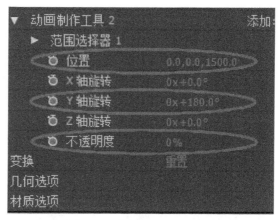

图 6-114　　　　　　　　　　　　　　　图 6-115

（3）按 Home 键将时间定位在 0 帧处，展开"动画制作工具 2"下的"范围选择器 1"，单击"起始"项前的秒表记录关键帧（数值为"0%"）。再将时间定位在 4 秒处，将"起始"项设为"100%"并生成新关键帧（图 6-116）。

图 6-116

6.8.5　优化效果

按如下操作优化效果。

（1）为合成添加摄像机层和灯光层，以进一步优化 3D 显示。设置摄像机层和灯光层，参数及效果如图 6-117 和图 6-118 所示。

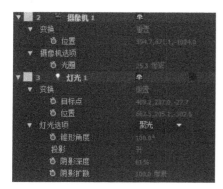

图 6-117　　　　　　　　　　　　　　　图 6-118

（2）当放大显示效果时,会发现文字表面有很多噪点(图 6-119),这是由于在开始新建合成时,对于"光线追踪 3D 渲染器选项"的设置过低的原因。可按住 Ctrl 键单击"合成"面板右上角的渲染器图标(图 6-120),在弹出的"光线追踪 3D 渲染器选项"面板中,调高"光线追踪品质"参数,更改"消除锯齿滤镜"为"立方"(图 6-121)。这样将有效提高显示质量,但付出的代价是渲染时间更长。

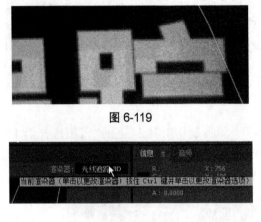

图 6-119

图 6-120

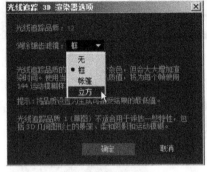

图 6-121

（3）最后按小键盘 0 键,预览最终效果,并按 Ctrl + S 键保存项目。

6.9　文字遮罩

在 After Effects 中,文字除了可以创建动画,还有很多其他用途。例如,文字层是一种非常理想的遮罩图层,可以使用文字层作为视频图层的轨道遮罩,透过文字定义的形状显示下面的视频图像。下面我们以一个实例来说明文字遮罩的使用。

6.9.1　创建合成

按快捷键 Ctrl + N 新建合成,在弹出的"合成设置"对话框中,将"合成名称"设为"文字遮罩",将"预设"设为"HDV/HDTV 720 25","持续时间"设为"05:00",单击"确定"。在"时间轴"面板中将自动打开新建合成。

6.9.2　导入并设置背景素材

下面导入并设置背景素材。

（1）双击"项目"面板的空白处,打开"导入文件"对话框。导航到"光盘 \ 第 4 章 \ 素材"文件夹下, 双击"妙妙 .jpg"文件,导入素材。将"项目"面板中的"妙妙 .jpg"素材拖动到"时间轴"面板中的"文字遮罩"合成中。

（2）按快捷键 Ctrl + Alt + F,以合成的宽高为标准对图层进行缩放。

（3）在"时间轴"面板中选择"妙妙 .jpg"图层,按 Ctrl + D 键复制该图层。

（4）选择堆栈的底层图层,按回车键修改图层名称为"妙妙模糊"(图 6-122)。

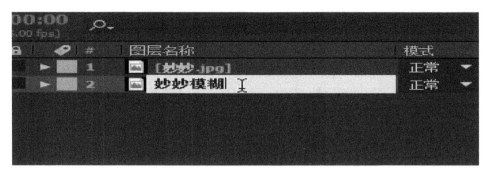

图 6-122

（5）用鼠标右键单击"妙妙模糊"图层，在弹出的上下文菜单中选择"效果—模糊和锐化—快速模糊"，为图层添加快速模糊特效（图 6-123）。

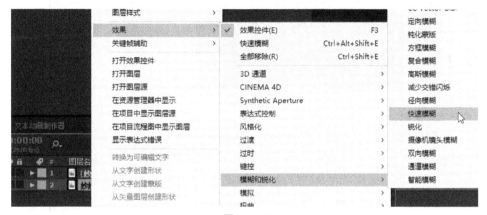

图 6-123

在"效果控件"面板中将"快速模糊"特效下的"模糊度"设为"200.0"，并勾选"重复边缘像素"（图 6-124）。

你会发现虽然我们为"妙妙模糊"图层施加了模糊效果，但"合成"面板中的画面没有任何变化。这是因为在"时间轴"面板中的"妙妙 .jpg"图层挡住了下面图层的显示。可以暂时关闭"妙妙 .jpg"图层最左端的显示开关，来观察模糊效果，对效果满意后再开启该图层显示开关（图 6-125）。

图 6-124

图 6-125

6.9.3　创建并编辑文字

按快捷键 Ctrl＋T 激活文字工具，在"合成"面板中单击鼠标左键，在光标处输入文字"文字遮罩"，按小键盘上的回车键，完成文本输入。在确认选择文字层的情况下，在"字符"面板中根据个人喜好设置文字属性，因为最终作为遮罩图层，所以无须设置文字颜色。

6.9.4　设置遮罩

设置遮罩方法如晴。

（1）在"时间轴"面板中单击"妙妙 .jpg"图层的轨道遮罩项的下拉菜单，选择"Alpha 遮罩'文字遮罩'"（图 6-126）。

图 6-126

此操作将文字层作为"妙妙 .jpg"图层的轨道遮罩，透过文字轮廓显示"妙妙 .jpg"图层的图像。同时会在"时间轴"面板中关闭文字层的显示开关。如果无法找到图层的轨道遮罩项，可单击"时间轴"面板底部的"切换开关／模式"进行切换（图 6-127）。

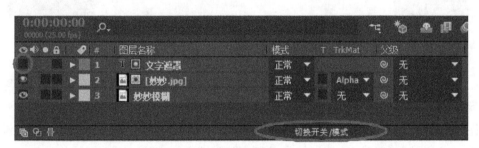

图 6-127

尽管遮罩设置完成，但文字效果并不明显（图 6-128）。可通过给文字轮廓加上描边和阴影等图层样式来突出文字显示。这里需要注意的是，不能为文字层添加图层样式，因为文字层已经转化为轨道遮罩，在其上做的任何变化都会变得透明。应该在要显示的"妙妙 .jpg"图层上添加图层样式。

（2）在"时间轴"面板中用鼠标右键单击"妙妙 .jpg"图层，在弹出的上下文菜单中分别选择"图层样式—投影／内阴影／描边"（图 6-129）。将描边颜色设为明亮的蓝色，其他值保持默认（图 6-130、图 6-131）。

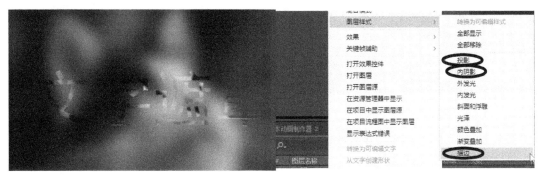

图 6-128　　　　　　　　　　　　　图 6-129

图 6-130

图 6-131

6.9.5　设置动画

下面我们来制作一个通过文字缩放显示全部清晰图像的动画。

（1）按 Y 键调用锚点工具，在"时间轴"面板中点选文字层，在"合成"面板中将文字层的锚点拖动到如图所示位置（图 6-132）。

（2）在"时间轴"面板中点选文字层，按 R 键调出"缩放"属性，将当前时间指示器定位在 1 秒处，按下缩放属性前的秒表开始记录关键帧。将当前时间指示器定位在 3 秒处，对照"合成"面板中的图像，按住 Shift 键拖动并调大"缩放"属性参数值，使下层的清晰图像完全显示（图 6-133），并生成关键帧。

图 6-132

图 6-133

（3）在"时间轴"面板中框选文字层的两个关键帧，按 F9 键设置缓动效果（图 6-134）。

图 6-134

（4）最后按小键盘 0 键，预览最终效果，并按 Ctrl + S 键保存项目。

6.10 转换文字层

将文字层作为遮罩图层，虽然可以透过文字轮廓显示下面的图像，但作为遮罩图层的文字很难做出自由的变化效果。其实我们还可以将文字转换为蒙版，利用蒙版路径的可调整性实现丰富的变化效果。

6.10.1 创建合成

按快捷键 Ctrl + N 新建合成，在弹出的"合成设置"对话框中，将"合成名称"设为"转换文字"，将"预设"设为"HDV/HDTV 720 25"，"持续时间"设为"05:00"，单击"确定"按钮。在"时间轴"面板中将自动打开新建合成。

6.10.2 导入并设置背景素材

用鼠标左键双击"项目"面板的空白处打开"导入文件"对话框。导航到"光盘 \ 第 4 章 \ 素材"文件夹下，双击"妙妙 .jpg"文件，导入素材。将"项目"面板中的"妙妙 .jpg"素材拖动到"时间轴"面板中的"文字遮罩"合成中。按快捷键 Ctrl + Alt + F，以合成的宽高为标准对图层进行缩放。

6.10.3 创建并编辑文字

按快捷键 Ctrl+T 激活文字工具，在"合成"面板中单击鼠标左键，在光标处输入文字"AE"，按小键盘上的回车键，完成文本输入。在确认选择文字层的情况下，在"字符"面板中根据个人喜好设置文字属性（图 6-135）。

图 6-135

6.10.4 转换文字

在"时间轴"面板中用鼠标右键单击文字层，在弹出的上下文菜单中选择"从文字创建蒙版"，这样将在文字层之上创建一个带有文字轮廓蒙版的白色纯色层，并关闭原文字层的图层显示开关，隐藏文字显示（图 6-136、图 6-137）。

图 6-136   图 6-137

我们会发现在用鼠标右键单击文字层弹出的上下文菜单中,还有一个选项是"从文字创建形状"。这其实是通过文字创建一个形状图层,可以通过它来实现很多动画效果。

6.10.5 设置动画

下面我们通过调整蒙版路径并设置关键帧来实现一些文字变形的动画效果。

(1)在"时间轴"面板中,按 Home 键将当前时间指示器定位在 0 帧处,点选"["AE"轮廓]"层,按 M 键展开该图层的所有蒙版路径。单击所有蒙版路径前的秒表记录关键帧(图 6-138)。

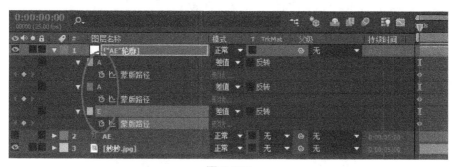

图 6-138

(2)将当前时间指示器定位在 1 秒处,在"时间轴"面板中点选字符 E 的蒙版路径项(图 6-139),以选中字符 E 路径上的所有端点,在"合成"面板中拖动字符 E 到字符 A 的位置(图 6-140),并在该时间点自动为字符 E 的蒙版路径生成关键帧。

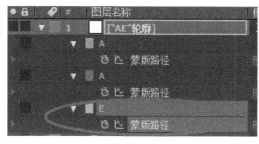

图 6-139   图 6-140

(3)同样按住 Shift 键点选字符 A 的两个蒙版路径,使之被同时选择(图 6-141),在"合成"面板中拖动字符 A 到原来字符 E 的位置上(图 6-142),并自动生成关键帧。

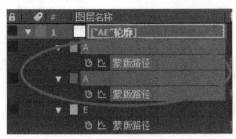

图 6-141

图 6-142

（4）将当前时间指示器定位在 2 秒处，单击"时间轴"面板最左端的"在当前时间添加或移除关键帧"按钮，添加关键帧（图 6-143）。使字符在 1 秒到 2 秒间保持不变。

图 6-143

（5）按 End 键将当前时间指示器定位在 5 秒处，在"合成"面板中点选各端点并拖动，对文字的蒙版路径进行扭曲变形，并生成关键帧（图 6-144）。

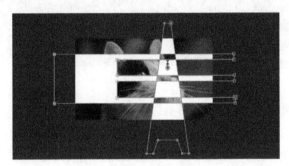

图 6-144

可按 Shift 键同时选择多个端点进行操作，拖动端点开始后再按住 Shift 键可约束移动路径。

（6）在"时间轴"面板中框选所有关键帧，按 F9 键设置缓动效果。在框选所有关键帧的情况下，用鼠标右键单击任意关键帧，在弹出菜单中选择"关键帧辅助—时间反向关键帧"，将关键帧反向（图 6-145）。

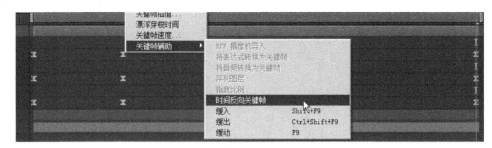

图 6-145

6.10.6 设置轨道遮罩

文字动画设置完成,我们想要的是透过文字显示下面的图像,还是通过设置轨道遮罩来实现。因为图层只能将它的上一层作为自己的轨道遮罩,所以需要先调整图层的堆栈位置。

在"时间轴"面板中将"妙妙.jpg"图层拖动到文字层上方,在该层的轨道遮罩项的下拉菜单中选择"Alpha 遮罩"["AE"轮廓]""(图 6-146)。

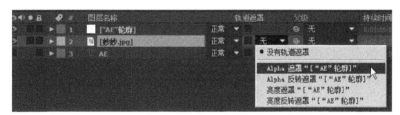

图 6-146

最后按小键盘 0 键,预览最终效果(图 6-147),并按 Ctrl + S 键保存项目。

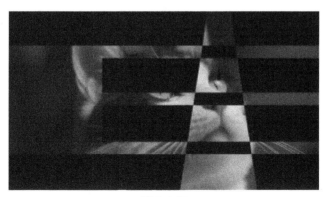

图 6-147

6.11　本章复习

（1）如何创建和编辑文本？

（2）何为标题 / 动作安全框？

（3）如何创建路径文字？

（4）如何使用文本动画制作器生成文本动画？

（5）如何创建光线追踪 3D 文字？